Michaël Levivier

LEGENDE 2CV

Fahren. Fühlen. Leben.

VORWORT

Marc Bocquenet
Vorsitzender der Vereinigung der
2-CV-Clubs in Frankreich

GeraMond

1937, kurz nach der Übernahme von Citroën durch Michelin, ersann der damalige Vorstandsvorsitzende Pierre Boulanger ein neues Auto. Auf Grundlage einer Umfrage unter den Franzosen zu ihren Erwartungen an einen Pkw schrieb er ins Lastenheft des TPV (Tout petite voiture – ganz kleiner Wagen): »Entwerfen Sie ein Auto, das zwei Bauern in Stiefeln, einen Zentner Kartoffeln oder ein Fässchen Wein mit bis zu 60 km/h befördern kann und dabei nur drei Liter Benzin auf 100 km verbraucht. Außerdem soll es selbst schlechteste Wege befahren können und so einfach zu bedienen sein, dass selbst eine Fahranfängerin problemlos mit ihm zurechtkommt. Es muss ausgesprochen gut gefedert sein, sodass ein Korb voll mit Eiern im Kofferraum eine Fahrt unbeschadet übersteht. Das neue Auto muss wesentlich billiger sein als unser Traction Avant. Das Aussehen des Wagens ist egal.« Als der Krieg zu Ende war, wurde die Entwicklung des TPV fortgesetzt. 1948 kam schließlich der 2 CV auf die Welt. Ein unvergleichliches Automobil, ganz im Sinne von Pierre Boulangers Vision. Ein einfaches Auto, das in den 1950er- und 1960er-Jahren bis zum Ende der Produktion 1990 einen großen Beitrag zur Motorisierung Frankreichs leisten sollte. Seitdem führt ihn sein Weg in die Hände von unterschiedlichsten Sammlern: Liebhaber der Originale, Customizer und solche, die es im gebrauchtem Zustand erhalten, die täglich mit ihrer Ente oder einer Ableitung (Dyane, Mehari, Ami 6 oder 8, Nutzfahrzeuge) fahren, oft in Familien mit mehreren Generationen. Die Vereinigung der 2-CV-Clubs in Frankreich, die 1986 gegründet wurde, um das Welttreffen in Orléans von 1989 zu organisieren, vertritt heute 144 französische 2-CV-Clubs und repräsentiert rund 6.500 Sammler, die einen oder mehrere 2 CV oder seine Ableitungen besitzen. Die Deuchisten [nach Deuche, der Abkürzung von Deux Chevaux, also 2 CV, und beliebter Spitzname der Ente] erleben heute Clubtreffen, Gespräche, Solidarität, die Freude an einer gemeinsamen Leidenschaft, etwa bei jährlichen nationalen Treffen am Wochenende nach Christi Himmelfahrt. Und das ganze Jahr über sieht man die Ente und ihre Verwandten im Conservatoire Citroën in Aulnay-sous-Bois bei Paris. Mit seiner Einfachheit ist der 2 CV immer noch präsent und zaubert ein wohlwollendes Lächeln in die Gesichter der Passanten. Und wenn Sie, wie mich, das Experiment reizt, nehmen Sie einen beliebigen 2 CV und fahren Sie mit Ihrem Korb frischer Eier im Kofferraum: Sie werden heil ankommen. Mission erfüllt, Monsieur Boulanger!

»Der 2 CV ist ein unkompliziertes, authentisches Auto – genau wie seine Fahrer.«

Marc Bocquenet, Vorsitzender der Vereinigung der 2-CV-Clubs in Frankreich

ASSOCIATION

Samuel L.

1978 | La Deuche

EP-445-LT

Mit dem passionierten Gärtner Samuel hat es der Zufall gut gemeint, denn offiziell heißt die Farbe seines 2 CV 6 nicht Mohnrot, sondern Geranienrot.

Manche Geschichten sind so einfach und schön wie der 2 CV. Die von Samuel hat gar nichts Extravagantes: Sie wurde vor einiger Zeit aus der Lust geboren, der Moderne am Steuer eines zeitlosen Autos zu entfliehen, um endlich zu entdecken, dass er in seiner schönen roten Ente am Ziel seiner Träume angekommen ist …

“

Wenn ich in meinem 2 CV sitze, geht's mir gut. Ich mag alles, was er repräsentiert ...

”

Samuel L.

»Ich habe nicht etwa mein ganzes Leben vom 2 CV geträumt«, gibt Samuel zaghaft zu. »Die erste Kindheitserinnerung an den 2 CV ist ein Schwarz-Weiß-Foto meines Vaters, der aus einem alten 2 CV steigt. Es war ein Modell mit sich nach vorne öffnenden Selbstmördertüren, sicherlich aus den 1950er-Jahren. Das war der 2 CV meiner Eltern. Es gab noch andere Fotos, wo meine Mutter neben dem Wagen posierte. Meine Eltern haben immer einen 2 CV gefahren. Mein erstes Auto war übrigens ein Renault 4.« Das Leben ließ Samuel an etwas anderes denken. Er gründete eine Familie und baute ein Haus. Doch vor rund zehn Jahren erwachte in ihm ein Wunsch. Wer soviel bastelt, die Gartenarbeit liebt, kommt irgendwann auf den Gedanken, dass ein 2 CV Fourgonnette sehr praktisch sei, dass dieser Lieferwagen das Angenehme mit dem Nützlichen verbinden könnte. Yasmine, seine Frau, war dabei. Autos sind ihr eigentlich schnuppe, aber ihr gefiel die witzige Form des 2 CV, zumal sie gerne in der blauen Ente ihrer Freundin Marine mitfuhr. Samuel machte sich langsam auf die Suche nach seiner Fourgonnette, doch entweder passte das Modell nicht oder der Preis. Es muss gesagt werden, dass damals die gebrauchten Enten immer beliebter wurden. »Als mein Vater in Rente ging, versuchte er sich als Vollzeit-Gebrauchtwarenhändler. Eines Tages rief ihn eine Dame an, die gerade ihren Mann verloren hatte: Sie wollte ausmisten. Und sie sagte ihm, dass sie auch ein Auto zu verkaufen habe. Es war der 2 CV ihres verstorbenen Gatten. Ein paar Tage später hat mir das mein Vater so nebenbei erzählt. Ich sagte ihm, dass mich das interessieren könnte, obwohl ich nicht wirklich nach einer Limousine suchte. Also haben wir sie zusammen besucht.« Beim ersten Anblick sank Samuel vor diesem perfekt gepflegten roten 2 CV auf die Knie: »Mein Herz schlug höher, als ich ihn in dieser alten Garage mit Holztüren zwischen den Werkzeugen des ehemaligen Mechanikers sah, er hat mir total gefallen. Ich sagte mir: Den kann ich nicht sausen lassen. Das ist er! Ihn muss ich haben!« Noch ganz hin und weg, verhandelte Samuel gar nicht, sondern kaufte das Auto: »Er war tipptopp in Schuss. Ich habe nicht mal eine Probefahrt gemacht. Ich habe nur noch den Ölstand überprüft und bin abgefahren. Ich habe noch nie zuvor einen 2 CV gefahren, es war mein allererstes Mal.« Das war im Juli 2017 und Samuel hatte gerade seine Ente gekauft. Als er von Bayeux in seinen Wohnort Caen zurückkehrte, war es für ihn eine Offenbarung: »Ich war sofort völlig entspannt. Ich hatte das Gefühl, in den Urlaub zu fahren. Ich hatte nur etwas Angst wegen den Bremsen, die ich nicht überprüft hatte, aber ansonsten war alles perfekt. Ich glaubte mich im Himmel. Und ich verstand, dass ich gerade einen Traum verwirklicht hatte.« Ein Tagtraum, den er jedes Mal lebt, wenn er sich hinters Steuer setzt. »Wenn ich in meinem 2 CV sitze, geht's mir gut. Ich mag alles, was er repräsentiert, dieses Retro-Feeling, das einen den Alltag vergessen lässt. Das Fahrgefühl ist ganz anders als in einem Neuwagen. Ich habe das Gefühl, dass sich alle freuen, mir auf der Straße zu begegnen. Einem 2 CV verzeiht man alles.« Wie so oft bei Entenfans, ist auch Samuels Freude über sein Auto ansteckend: »Ich hatte wirklich Glück. Ich habe ein Juwel gefunden. Er ist sehr schön und der Name der Lackierung, Geranienrot, ist klasse!« Ein Glück, das er mit seiner Partnerin Yamina und seiner Hündin Nougatine teilt, einem Cocker Spaniel, der an Bill aus dem Comic *Boule & Bill* erinnert, dessen Familie eine rote Ente hat. »Wenn sie hinten im 2 CV sitzt, ist das wie im Comicheft.«

EP-4

“

Jedes Mal, wenn wir in unseren 2 CV steigen, ist es wie ein Urlaub.

”

1978 | LA DEUCHE

2 CV 6 • 602 cm³ • 29 PS

Samuels Ente ist ein 2 CV 6 Baujahr 1978. Ein Modell AZ der Serie KA mit einem 602 cm³ großen Zweizylinder-Boxermotor. Er hat die allgemein als quadratisch bezeichneten, eigentlich aber rechteckigen Scheinwerfer. Diese wurden im September 1974 eingeführt und stießen damals bei Publikum und Presse auf Ablehnung. Größer als die runden Scheinwerfer, sollten sie für eine bessere Ausleuchtung sorgen. Sie wurden bis Juli 1978 in den 2 CV 4 und bis Juli 1979 in den 2 CV 6 eingebaut. In dieser Zeit wurde der 2 CV 6 durch den 2 CV 6 Club ersetzt, der die quadratischen Scheinwerfer beibehielt, während die Serie 2 CV Special, später auch der 2 CV 6 Special, ab 1978 wieder die runden Scheinwerfer bekam. »Als ich ihn bei der Dame entdeckte, habe ich nicht auf seine eckigen Scheinwerfer geachtet«, gibt Samuel zu. »Ich fand ihn so schön.« Da der 2 CV perfekt gewartet war, hatte Samuel nicht viel zu tun: »Ich musste nur die Sitzbezüge erneuern, weil sie hinten beschädigt waren. Ansonsten habe ich einfach einen Gepäckträger an die Heckklappe angebaut und ihm für eine bessere Optik verchromte Radkappen spendiert. Der Vorbesitzer hatte ein Radio mit CD-Player eingebaut, das ich entfernt habe. Vielleicht baue ich wieder eins ein, aber es wird eines mit Kassettenteil sein, ganz Retro. Samuel und Yasmine pflegen ihren schönen roten 2 CV, den sie liebevoll *La Deuche* nennen: »Mit Yasmine teile ich die Freude am 2 CV ganz und gar. Wann immer wir können, nehmen wir ihn zum Einkaufen, für die Stadt oder für eine Spazierfahrt am Meer. Jedes Mal, wenn wir in unseren 2 CV steigen, ist es wie ein Urlaub. Ja, ich fahre ihn nie im Winter und vermeide es, ihn bei Regen zu bewegen, aber ich bin kein Fanatiker. Er hatte ein Leben vor mir. Seine Beulen bessere ich nicht aus. Als ich ihn gekauft habe, zeigte der Kilometerzähler 80.000 km und ich bin der dritte Besitzer. Aber ich versuche ihn trotzdem so gut wie möglich zu erhalten.« Es gibt eine nette Anekdote zu diesem 2 CV, denn in dem Heim, in dem Yasmine als medizinisch-psychologische Assistentin arbeitet, zeigt jemand eine große sentimentale Verbundenheit zu dieser Ente: »Luis, der 65 Jahre alt ist, kannte den Vorbesitzer sehr gut. Er nannte den Wagen mir gegenüber immer Papa Jeans Ente. Der Mann war für ihn wie ein zweiter Vater. Und es ist dieser 2 CV, den wir gekauft haben. Jeden Abend, bevor ich heimfahre, bittet er mich, *La Deuche* begrüßen zu dürfen.« Manchmal macht der Zufall seine Sache einfach gut.

EP-445-LT

Samuels 2 CV 6 hat fast den Erhaltungszustand eines Neuwagens, das beweisen die Elemente des Armaturenbretts auf diesem Bild.

Samuel hat die Sitzbezüge erneuert, weil der Stoff der Rückbank wegen der Sonneneinstrahlung ramponiert war.

François M.

1985 | Charleston

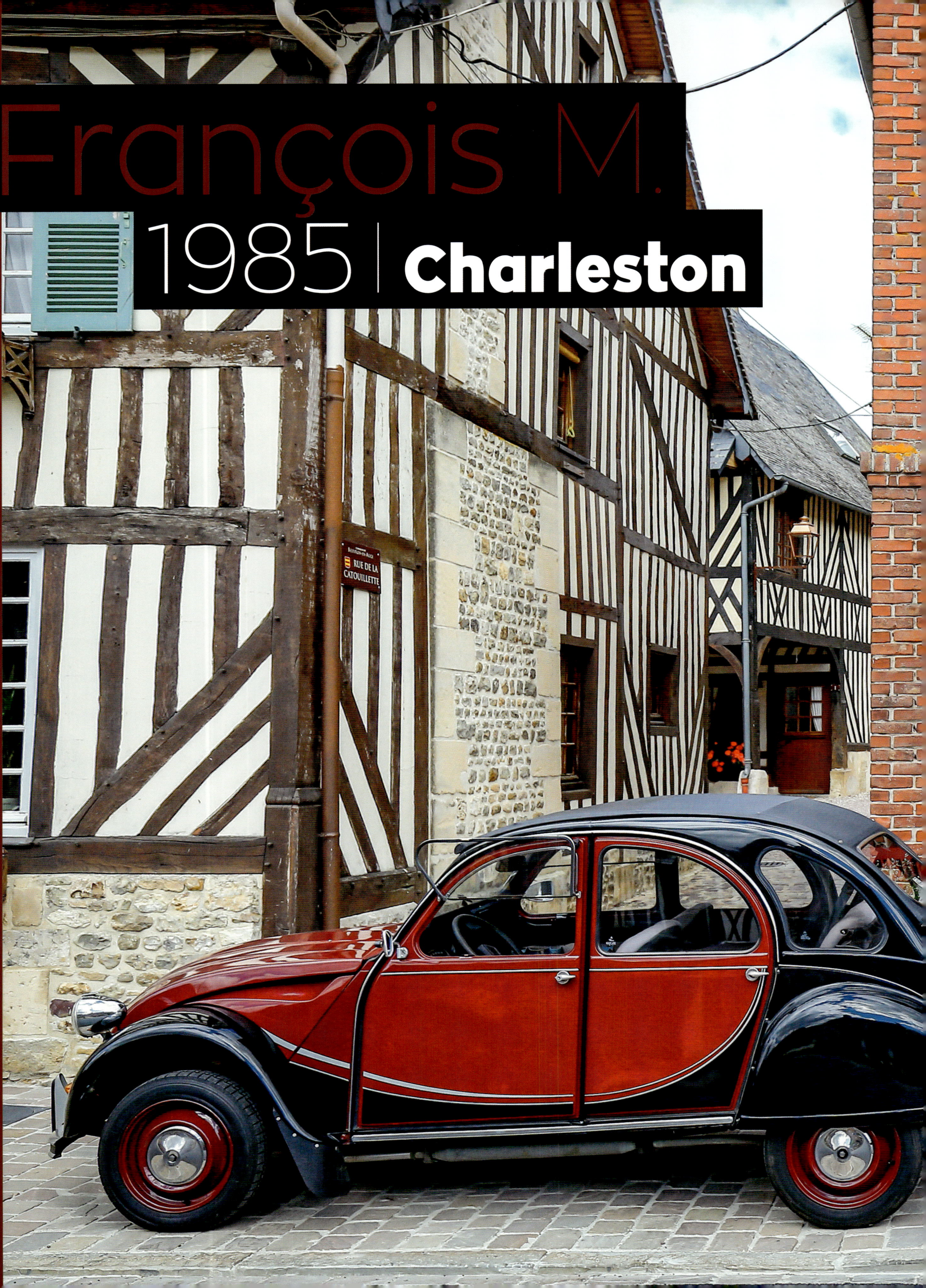

Les petites merveilles d'Alice
Orner
Lire
Offrir
Voyager

EPICERIE
CIDRE-CALVADOS
VINS FINS
SPIRITUEUX
DE BEUVRON-EN-AUGE
BEURRE-OEUFS
FROMAGES
LAITERIE
RESTAURANT
DE-695-XS

François hatte geplant, seinen 2 CV nach seiner USA-Reise zu verkaufen. Doch der Charleston darf nun doch in der Normandie spazierenfahren.

François wuchs mit dem 2 CV seiner Oma auf und behielt seine Vorliebe für das Einfache, den Spaß an einem erschwinglichen Auto, das wie ein Spielzeug aussieht. Ganz verliebt in die Ente ging François sogar so weit, mit seiner Frau die USA am Steuer eines 2 CV Charleston auf der legendären Route 66 zu befahren.

> Ich dachte, es sei ein Spielzeug. Er war von unglaublicher Einfachheit …

François M.

Das erste Bild des 2 CV, das François im Kopf hat, ist sehr genau: »Im Juli 1960 bestellte Juliette, meine Großmutter, den neuen 2 CV beim örtlichen Autohaus. Dieser AZLP mit seiner neuen Motorhaube mit fünf Rillen, die die welligen der ersten Modelle ersetzte, war am 10. Dezember 1960 herausgekommen und der Fahrzeugschein meines 2 CV ist auf den 12. Dezember datiert. Als ich diesen 2 CV herfahren sah, traf es mich wie ein Blitz. Ich war sieben und dachte, es sei ein Spielzeug. Er war von unglaublicher Einfachheit mit seinen Rohrsitzen und dem Armaturenbrett ohne viele Schalter. Ich verbrachte meine Zeit damit, ihn zu waschen, denn meine Oma wohnte im Nachbarhaus. Im Alter von 14 Jahren nahm mich meine Großmutter mit auf die kleinen Landstraßen und brachte mir das Autofahren bei. Es herrschte damals so wenig Verkehr, dass wir nichts riskierten. Später, sobald wie möglich, habe ich mir heimlich den 2 CV ausgeliehen, kurvte zusammen mit Freunden um die Apfelbäume herum oder über das Feld.« Als Student, mit dem Führerschein in der Tasche, war François mit Lilyane zusammen, seiner zukünftigen Frau, die er schon lange kannte, weil sie praktisch Nachbarn waren. Sie konnten sich damals noch kein Auto leisten. Also half er in der Wäscherei aus, wo Lilyane ihre Brötchen verdiente. Als Bezahlung bot ihm der Chef eine AZAM-Ente Baujahr 1964 an. François ergriff die Chance. Jetzt besaß unser junges Paar seinen ersten 2 CV. »Zwei Monate später reisten wir mit diesem AZAM zusammen nach Rom, über den Mont-Cenis-Pass, um uns die Maut durch den Mont-Blanc-Tunnel zu sparen.« François verkaufte diesen 2 CV nach vier Jahren an einen seiner Brüder. Das Paar arbeitete und bekam drei Töchter: Émilie, Pauline und Juliette. François' Leidenschaft für den 2 CV schlief einige Jahre ein. »Bis zu dem Tag, an dem ich mit einigen Freunden die Idee hatte, zur International Citroën Car Clubs Rally (ICCR) nach Belgien zu fahren. Ich wollte mit einem 2 CV hinfahren. Der AZLP meiner Oma, die 1989 gestorben war, stand bei meinen Eltern im Schweinestall im Hinterhof. Er war in tadellosem Zustand, abgesehen von ein paar Dellen in der Karosserie und einem Mäusenest in der Heizdüse …« Das war 1996, und die Entenbegeisterung von François nahm plötzlich Fahrt auf. Von dem grauen Charleston, den sein Nachbar unbedingt verkaufen wollte, über den Club, den ihm eine Patientin anbot – François arbeitet in der ambulanten Altenpflege –, über das Wrack eines AZL von 1957, das man ihm schenkte, oder den AZAM Baujahr 1965 und den AZU-Kastenwagen von 1958, den er unerwartet ergattert hat: Die Enten vermehrten sich bei François. Juliette, die Jüngste, lernte bei einer von François organisierten Ausfahrt ins Pays d'Auge sogar ihren zukünftigen Ehemann kennen. »Jérémie ist ein leidenschaftlicher Deuchist«, freut sich François. »Als er uns zum ersten Mal besuchte, hatte er gerade einen extrem seltenen 2 CV Typ A Baujahr 1950 gefunden, mein Traumauto. Drei Jahre hat er daran gearbeitet, aber ein solches Modell zu restaurieren kann sehr teuer werden. Irgendwann tauschte er ihn gegen meinen 1957er AZLP plus Ausgleichszahlung.« François und seine Frau waren ab 1999 bei praktisch allen internationalen 2-CV-Treffen in Europa anzutreffen. François startete mit seinem Schwiegersohn auch bei 2-CV-Langstreckenrennen in Spa-Francorchamps in Belgien. Als der Ruhestand nahte, nahm er sich vor, die gesamte Route 66 in einem 2 CV zu befahren, die Vereinigten Staaten von Ost nach West zu durchqueren und Tochter Pauline zu treffen, die in San Francisco lebte. Er machte sich auf die Suche nach einem neuen 2 CV für diese Expedition, den er nach der Reise vor Ort verkaufen wollte. Es wurde ein 2 CV Charleston, Delagerot.

COMMUNE DE
BEUVRON-EN-AUGE
RUE DE LA
CATOUILLETTE

> Die Amerikaner glaubten ihren Augen nicht zu trauen: so ein kleiner Motor!

1985 | Charleston

2 CV 6 • 602 cm³ • 29 PS

Der Charleston ist sicherlich der beliebteste 2 CV. Er kam am 1. Oktober 1980 auf den Markt und wurde als auf 8.000 Exemplare limitierte Sonderedition präsentiert. Entworfen auf der Basis eines 2 CV 6 Club, unterschied er sich durch eine Zweifarblackierung in Schwarz und Delagerot, nach einem Design von Serge Gevin, der seit 1976 bei Citroën beschäftigt war. Angesichts der begeisterten Resonanz beschloss Citroën 1982 die Serienfertigung. Dafür wurden einige Änderungen vorgenommen. Die bedeutendsten waren, dass die Scheinwerfer nicht mehr lackiert, sondern verchromt waren und Sitzbezüge mit einem grauen Besatz und Rautenmuster anstelle des ursprünglichen schwarz-weißen Hahnentrittmusters Verwendung fanden. Der Charleston war auch in Gelb oder Grau erhältlich und sollte im Citroën-Portfolio bleiben. So war ein grauer Charleston der offiziell letzte gebaute 2 CV. Er lief am 27. Juli 1990 im portugiesischen Mangualde vom Band. Für die Umsetzung seines Reiseplans hatte François einen 2 CV Charleston ins Visier genommen, in der Erwartung, dass diese sehr beliebte Modellvariante in den USA leichter verkauft werden kann. Kurz vor seiner Rente im November 2013 erwarb er einen Charleston Baujahr 1985. Sein Schwiegersohn und er tauschten in Wochenendarbeit das ramponierte Chassis gegen ein neues aus und spendierten der Ente eine neue Lackierung. »Am kompliziertesten war es, all die bürokratischen Hürden zu überwinden, um den 2 CV hinüber zu bringen«, sagte François. »Zum Glück hat mir meine Tochter, die in San Francisco lebt, sehr geholfen.« Der 2 CV landete am 4. Juni 2014 in New York, am nächsten Tag folgten Lilyane und François. »Doch der 2 CV blieb beim Zoll hängen, obwohl alles in Ordnung war. Sie fanden es seltsam, dass die Franzosen ihre Autos in die USA mitnahmen, anstatt sich eines zu mieten. Sie haben ihn eine Woche lang zurückgehalten, und als ich ihn bekam, stellte ich fest, dass sie ihn auseinandergenommen und genauestens durchsucht hatten.« Erste Etappe: Chicago, Start der Route 66, 1.180 km von New York entfernt. Am 23. Juni begann der Charleston seine große Fahrt. »Mit dem 2 CV in den USA zu fahren hat sich als sehr einfach erwiesen. Nur auf den wenigen unvermeidlichen Abschnitten auf der Autobahn waren wir beeindruckt von den überholenden Lkw. Ansonsten war es sehr angenehm. Der Empfang durch die Amerikaner war sehr herzlich. Man spürte, dass sie Autos lieben. Wo immer wir hinkamen, scharte sich alles um den 2 CV. Viele hielten ihn für einen VW und verwechselten ihn mit dem Käfer. Sie schauten alles an, legten sich unter das Auto, aber das lustigste war, als ich die Motorhaube öffnete: Sie glaubten ihren Augen nicht zu trauen: so ein kleiner Motor im Vergleich zu ihren riesigen V8! Es machte mir Spaß zu zeigen, dass man ihr Land mit diesem simplen kleinen Auto durchqueren kann, dem echten Gegensatz zum amerikanischen Straßenkreuzer.« Sechzehn Tage und rund 5.000 km später erreichten François, Lilyane und die Ente den Pier von Santa Monica, den Endpunkt der Route 66. »Wir wurden von einem Verein begrüßt, der uns eine offizielle Urkunde überreichte, die uns bestätigte, dass nie vorher ein 2 CV die gesamte Route 66 befahren hatte.« Der Plan von François ging jedoch nicht ganz auf: »Je weiter ich fuhr, desto weniger wollte ich ihn verkaufen. Schließlich übernahm ihn meine Tochter. Ich war verrückt vor Freude! Sie behielt ihn ein Jahr lang, aber es war ihr unmöglich, ihn anzumelden. Ich habe ihn 2017 zurückgeholt und auf die Heckklappe einen Aufkleber unserer Reise auf der Route 66 angebracht.«

This vehicle has traveled all 2,448 miles on
THE MOTHER ROAD
ROUTE 66
Chicago
St. Lo
Joplin
Springfie
Tulsa
Oklahoma City
Amarillo
Tucumari
Santa Fe
Albuquerque
Gallup
Winona
Holbrook
Flagstaff
Kingman
Barstow
Davis
CITROËN
DE-695-XS
F
14

Das Armaturenbrett des Charleston ist gleich wie beim 2 CV Club, mit seinem braunen Hintergrund, der Tankanzeige und dem Voltmeter.

Die halbmondförmigen Türgriffe sind mit einem Schloss ausgestattet. Bis 1972 hatte nur die Fahrertür eines.

PLACE
MICHEL

23
23

Laurent G.

1959 | AZLP

333 KP 72

Der 2 CV behielt immer das gleiche Getriebeschaltbild bei, mit Rückwärtsgang oben und ersten Gang unten, der vierte Gang ist hier als »S« (surmultiplié oder Overdrive) bezeichnet..

Laurent kennt diesen 2 CV AZLP Baujahr 1959 schon immer. Sein Vater hat ihn zwei Jahre vor seiner Geburt gekauft, um damit zur Arbeit zu fahren. Laurent erhielt ihn zum 18. Geburtstag. Seitdem hat er nie aufgehört, ihn zu fahren. Ein Leben im 2 CV, das ihn auf den Pfad der Liebe und des einfachen Glücks führte.

> Mein Vater hatte diesen 1959er 2 CV AZLP 1976 gekauft. Ich habe ihn immer gekannt ...

Laurent G.

»Dieser 2 CV ist ein AZLP Baujahr 1959, den mein Vater 1976 gekauft hat. Ich habe ihn immer gekannt, weil ich 1978 geboren bin«, erzählt Laurent und blickt voller Zärtlichkeit auf die alte Dame. Claude, der Vater von Laurent, nutzte seinen 2 CV hauptsächlich, um zur Arbeit zu fahren: »Er war ein praktisches und wirtschaftliches Transportmittel.« Die 2 CV besaßen damals nicht den Liebhaberwert, den sie heute haben, daher ging es nicht darum, sie im Originalzustand zu erhalten, sondern sie einfach nur zu nutzen. »Diese Ente hat nie aufgehört zu fahren, und Papa hat im Laufe der Zeit die notwendigen Reparaturen vorgenommen. Als die Sitze kaputt waren, ersetzte er sie durch Visa-Sitze und die Blinker durch große Méhari-Blinker. Die Farbe hatte zwei Blautöne. Anstelle der Mechanik montierte mein Vater auch einen Elektromotor, für die Scheibenwischer. Und so weiter ...« Aber es war nicht dieser 2 CV, mit dem Laurent das Fahren gelernt hat. »Um zuhause in der Sarthe Arbeiten zu erledigen, hatte Papa ein 2-CV-Wrack in einen Pick-up umgebaut. Der Wagen wurde verwendet, um Schutt abzutransportieren oder für die Gartenarbeit. Als ich zwölf war, habe ich dieses Auto in die Finger bekommen und bin im Garten herumgefahren. Manchmal traute ich mich, in den AZLP zu steigen, aber zu oft durfte ich nicht, weil Papas Arbeitsauto nicht beschädigt werden sollte.« Ein paar Jahre später machte Claude dem Sohnemann zum 18. Geburtstag eine schöne Überraschung. »Als ich 1996 meinen Führerschein bekam, lackierte mein Vater den 2 CV neu und schenkte ihn mir. Er hatte ihn genau zwanzig Jahre für den Weg zur Arbeit verwendet!« Laurent zeigt eine besondere Vorliebe für seinen 2 CV. »Ich fuhr damit ins Gymnasium und kaum einem Monat nach dem Führerschein besuchte ich meine ersten 2-CV-Treffen. Mein erstes war eine Art Geländetreff, das von Bretonen in der Sarthe organisiert wurde. Ich gehe seitdem regelmäßig. An den Wochenenden ging ich zu Treffen und am Montag kehrte ich mit meinem Auto in die Firma für meine Ausbildung zum Dreher und Fräser zurück. Ich liebte es, Aufkleber der Treffen an der vorderen Stoßstange anzubringen. Wenn jemand diese Sticker entdeckte, konnte er es nicht glauben, dass ich mit meinem alten 2 CV so viele Kilometer gefahren bin.« 2003 traf Laurent bei einer Enten-Ausfahrt, die anlässlich des zehnjährigen Bestehens des 2-CV-Clubs in Caen organisiert wurde, seine spätere Frau. »Sylvie war auch begeistert vom 2 CV. Das lag in der Familie, denn Fred, ihr Bruder, war Vorsitzender des 2-CV-Clubs in Reims. Sylvie stammt ursprünglich von dort, arbeitete damals aber im Thalasso in Ouistreham. Ich war damals mit einer anderen liiert, aber diese teilte meine Vorliebe für den 2 CV nicht. Ich habe verstanden, dass man dieselbe Leidenschaft leben muss, damit es funktioniert. Also habe ich meinen Job in Le Mans gekündigt, um mit Sylvie in der Normandie zu leben.« Eine radikale Veränderung in seinem Leben, die es Laurent ermöglichte, seine Liebe zum 2 CV voll auszuleben: »Wir funkten wirklich auf einer Wellenlänge. Nach ungefähr zwei Jahren des Zusammenlebens haben wir etwas Tolles entdeckt. Wir blätterten in einem meiner Alben und Sylvie blieb bei einem Bild eines 2-CV-Treffens hängen, das 1998 auf den Champs-Élysées stattgefunden hatte: „Dieses Foto ist super! Nichts als Enten und der Triumphbogen im Hintergrund", sagte sie. Dann bemerkten wir bei genauerem Hinsehen, dass Sylvie mit ihrem grün-weißen 2 CV direkt hinter mir und meinem AZLP stand. Ich habe immer Tränen in den Augen, wenn ich diese Geschichte erzähle. Fünf Jahre bevor wir uns kennenlernten, waren wir schon zusammen auf den Champs-Élysées gestanden. Und dabei waren es mehr als 2.000 Enten.«

“

Der 2 CV vereint wirtschaftliche Vernunft und mechanische Leidenschaft.

”

1959 | AZLP

AZLP • 425 cm³ • 12 PS

Im November 1956 kam das Modell AZL heraus, wobei das L für Luxus steht. Dieser neue 2 CV nahm die Charakteristiken des Typs AZ wieder auf, bekam aber zusätzlich eine Frontscheibenheizung, einen beleuchteten Tacho und eine größere Heckscheibe. Äußerlich unterschied sich der AZL durch Längsstreifen aus poliertem Aluminium in der Mitte der Motorhaube, an den Karosserielängsschwellern und an der hinteren Stoßstange. Schließlich, was damals der größte Luxus war, wurde das Verdeck aus geölter Baumwolle den Nadelstreifen-Sitzbezügen angepasst. Im September 1957 erschien der AZLP, der endlich eine Heckklappe mit Schloss besaß und viel praktischer war als das bisherige lange Stoffverdeck. »Dieses Auto hat nie aufgehört zu fahren. Es muss über 300.000 km zurückgelegt haben. Der Motor wurde dreimal ausgetauscht. Das letzte Mal hat das mein Vater gemacht, bevor er es mir schenkte.« Ob unter der Woche in Schule und Beruf oder am Wochenende zum Enten-Treffen, gondelte der AZLP seelenruhig über Berg und Tal. »Auf Tauschbörsen kaufte ich die passenden Teile für mein Modell, dazu Verschleißteile.« Vor allem das Chassis ist heil geblieben und hat seinen ursprüngliche Zustand bewahrt. »Es war kaum korrodiert. Die Ente ist zwar das Einstiegsmodell von Citroën, wurde aber anfangs mit sehr hochwertigem Blech gefertigt. Viel besser als das in den 1970er-Jahren verwendete Blech, das leicht rostete. In der Tat findet man bei einem 2 CV aus den 1950er- und 1960er-Jahren meist weniger Rost als bei neueren 2 CV.« Deswegen musste der AZLP nicht aufwendig überholt werden: »Wir haben ihn nie geschieden. Das heißt, wir haben die Karosserie nie vom Chassis getrennt. Wir haben es bei anderen 2 CVs gemacht, darunter dem meiner Frau, aber nicht bei diesem.« Laurents AZLP besitzt auch ein paar kleine Besonderheiten, die sichtbarste ist der Gepäckträger: »Das ist ein Dachträger der Marke Tuffix, den ich auf einer Teilebörse gekauft habe. Ich verwende ihn nicht oft, aber ich lasse ihn dran, weil ich die Optik mag, die er bietet.« Im Innenraum bietet der AZLP ein weiteres Schmankerl: »Die Rückbank lässt sich umklappen, um den Kofferraum zu vergrößern. Es sieht aus wie das ENAC-System, das von Citroën verkauft wurde, aber ich bin mir nicht sicher, ob es original ist.« Laurent schätzt vor allem den Einfallsreichtum beim 2 CV: »Meiner Meinung nach hat es der 2 CV geschafft, wirtschaftliche Vernunft und mechanische Leidenschaft zu vereinen. Er ist auch sehr umweltfreundlich, vor allem weil man kein neues Auto baut. Er ist 60 Jahre alt und bringt mich immer von A nach B. Auch wenn einige sagen, dass er die Umwelt verschmutzt, ist das falsch, denn im Motor sind nur zwei Liter Öl, es gibt keinen Kühler, man braucht kein Kühlmittel, keine Wasserpumpe oder Kühlwasserschläuche usw. Je weniger Teile du hast, desto weniger Defekte gibt es. Es ist diese Einfachheit, die ich am 2 CV so sehr mag ...«

TUDOR
YACCO
333 KP 72

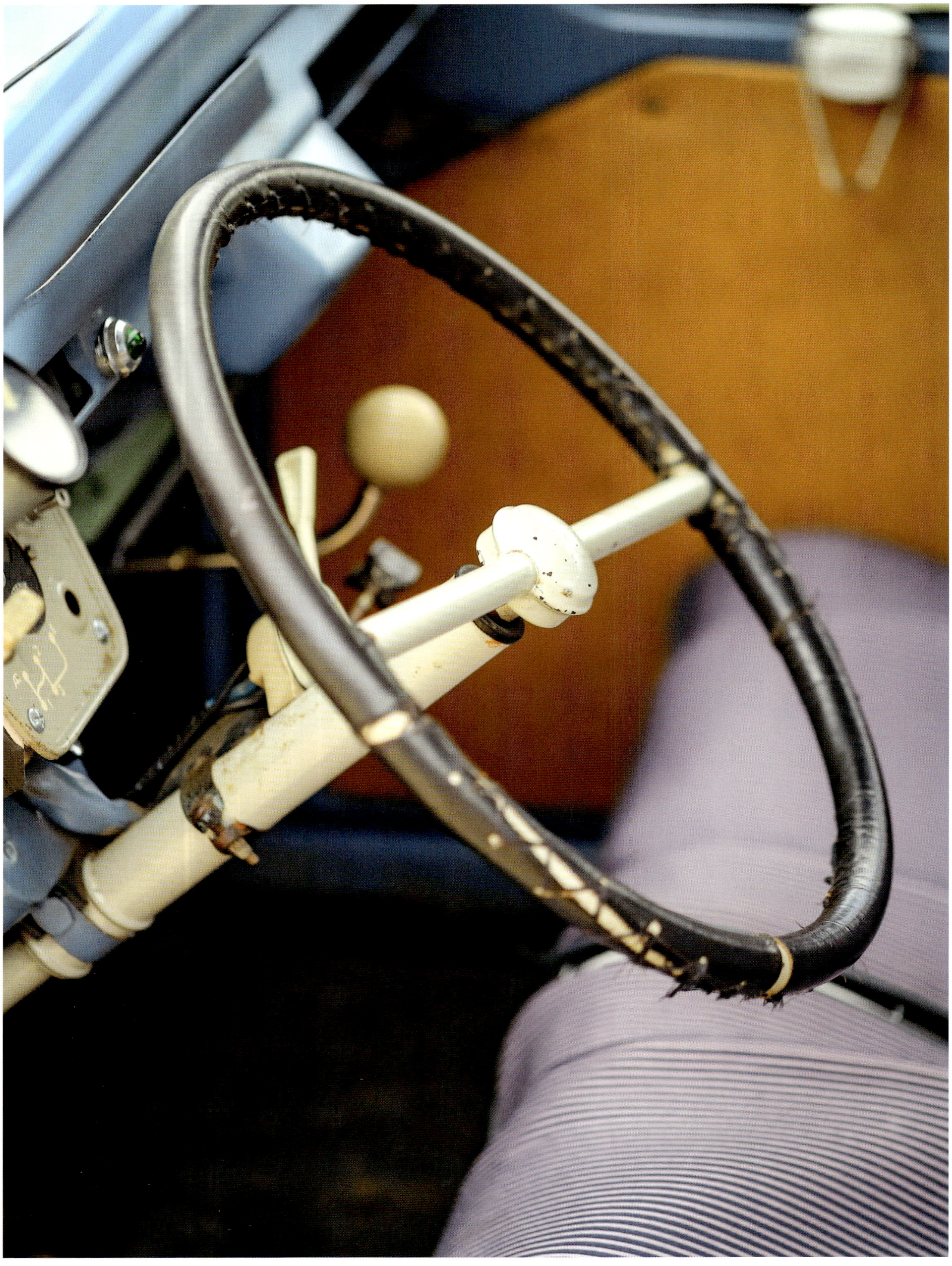

Der kleine Lederbezug verkleidet das eiserne Lenkrad, das im Winter sehr kalt und im Sommer sehr heiß werden kann.

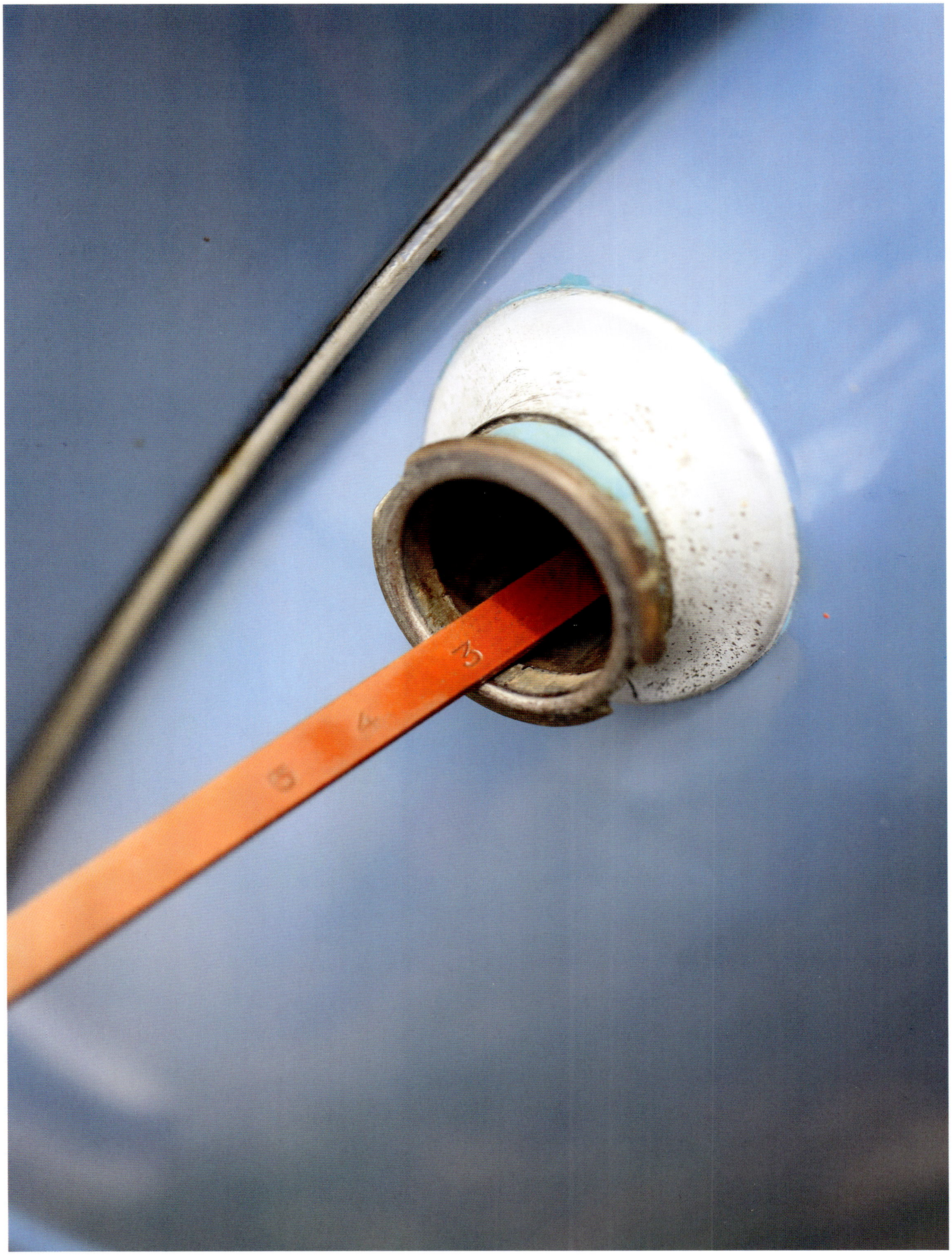

Die Tankanzeige ist ein Faserstab mit Skala, der per Hand in den Benzintank eingetaucht wird.

Laurent hat zeitgenössische Blinker der Marke Labinal entdeckt, die auch als Standlichter dienten.

Laurent hat mit seinen Seima-Reflektorlichtern auch die Heckbeleuchtung in den ursprünglichen Zustand zurückversetzt.

CITROËN
333 KP 72
CITROËN

Olivier L.
1988 | Dune

DEUCHE
124

EX
725-PM

Olivier und sein Vater Yvon erlebten dank des 2 CV *Dune* des Sohnemanns zusammen ein großartiges Abenteuer: die Rallye in Marokko von 2019.

Dies ist die Geschichte eines kleinen Jungen, der sich in den 2 CV verliebte. Mehr als nur ein Auto, wird die sympathische Ente für Olivier zu einer echten Motivationsquelle zum Lesen, Lernen und dadurch zur Überwindung seiner Legasthenie. Eine Leidenschaft, die ihn mit seinem Vater bis nach Marokko führen sollte …

„Ich habe mir einen 2 CV gewünscht."

Olivier L.

»Eines Tages hat mir ein Kollege von Papa angeboten, mich in einem 2 CV zu einer Ausfahrt auf die Halbinsel Cotentin mitzunehmen. Ich war zehn und rund zwanzig 2 CV machten diesen Ausflug mit. Das hat mir so gut gefallen, dass ich mit meinen Eltern am nächsten Tag über nichts anderes als den 2 CV geredet habe. Auch am Tag darauf, eine Woche später immer noch und selbst drei Monate später. Ich habe mir sogar einen 2 CV zu Weihnachten gewünscht. Einen echten, kein Spielzeug! Ich habe geträumt, dass Mama und Papa mit mir spazieren fahren könnten. Meine Eltern haben sich dann überlegt, doch einen zu kaufen ... Und so bekamen wir unseren ersten 2 CV. Ich erinnere mich genau, es war ein 31. Januar, weil es nicht geklappt hat, ihn am Weihnachtstag zu bekommen.« 2006 erfüllten Mutter Jannick und Vater Yvon dem Sohnemann seinen Traum und der erste 2 CV stand vor dem Haus: ein prächtiger rot-weißer 2 CV 6 Dolly Baujahr 1971. Diese Ente wurde niemals verkauft und gehört immer noch zur Familie. Seine Liebe zum 2 CV wurde für Olivier zum Leitmotiv seines Lebens und half ihm beim Lernen: »Olivier leidet an Legasthenie und Dysphasie«, erklärt sein Vater Yvon. »Sein Interesse am 2 CV hat ihn wirklich vorangebracht und seine schulischen Leistungen verbessert. Der 2 CV kam genau zur richtigen Zeit, denn er wurde zu seinem Hauptinteresse, so sehr, dass er ihn motivierte, Bücher zu lesen ... natürlich über den 2 CV!« Und Olivier bestätigt das und erinnert sich: »Als Kind bin ich oft mit Mama einkaufen gegangen. Ich bat sie jedes Mal, dass wir in die Buchhandlung gehen, um Bücher über den 2 CV und Autozeitschriften zu kaufen.« Die Ente als pädagogisches Hilfsmittel – was für ein unerwarteter Triumph dieses sympathischen Autos! »Deswegen halten mich einige Leute jetzt für ein 2-CV-Lexikon.« Die ersten Familienausflüge reihten sich aneinander, bis man eines Tages am 2 CV Hand anlegen musste, um ein paar kleine Mängel zu beheben. Olivier, der sich damit seine ersten Sporen verdiente, war jetzt ganz Feuer und Flamme: »Ich habe eine Ausbildung zum Karosseriebauer mit Berufsbefähigungszeugnis gemacht, mit Zusatzqualifikation als Lackierer, aber was die Mechanik angeht, habe ich alles allein gelernt ... natürlich mit Papas Hilfe.« Der ergänzt, dass Olivier »ein ausgezeichnetes Gedächtnis hat, sowohl visuell als auch auditiv. Er zögert nicht, bei den Autotreffen mit anderen zu sprechen und merkt sich alles, was über den 2 CV erzählt wird.« Das Enten-Virus hatte endgültig die Familie erfasst, weitere Anschaffungen folgten. Olivier und Yvon holten einen 2 CV in schlechtem Zustand von jemandem ab, der ihn loswerden wollte. »Er stand eine Weile vor dem Haus, bis ich eines Tages beim Ausbildungsthema Karosserie stand und Lust bekam, ihn herzurichten. Am Ende werden mehr als fünfzehn Enten durch ihre Hände gehen, einige kaputte 2 CV dienten als Ersatzteilspender. Nach dem Führerschein schnappte sich Olivier einen Citroën Ami 8 Super Baujahr 1973 mit dem Vierzylinder-Boxermotor der GS. Dann kam die Zeit für seinen ersten eigenen 2 CV: »Es war ein weißer 2 CV 6 Baujahr 1985, den ich komplett überholt habe, mit Verdeck und Stoßstangen in Burgunderrot.« Und dann kam der *Dune*. Aber als ich ihn gekauft hatte, habe ich noch nicht daran gedacht, mit ihm nach Marokko zu gehen. Es geschah aus einer Laune heraus ...«

YDT
124
DEUCHE

PONTS & BACS
YDT
EX
725-PM
WEL EQUIPEMENTS

> Ich hatte nicht daran gedacht, mit ihm nach Marokko zu gehen. Es geschah aus einer Laune.

1988 | Dune

2 CV 6 Special • 652 cm³ • 40 PS

»Als ich diesen 2 CV gekauft hatte, war die Absicht, jeden Tag damit zur Arbeit zu fahren, aber vor allem mit ihm durch die Gassen zu rollen.« Leider stellte Olivier fest, dass dieser 2 CV von seinem Vorbesitzer schlecht gepflegt war. »Ich musste ihn komplett restaurieren.« Eines Tages kam ihm eine unerwartete Idee: »Die Rallye Paris–Dakar war immer mein Traum, aber ich hatte nie den Ehrgeiz, eine Rallye zu fahren. Bei einem Treffen hat mir ein anderer Enten-Fan diesen Floh ins Ohr gesetzt. Also habe ich mich beim Yellow Desert Team angemeldet, einem 2-CV-Club, der sich auf Rallye-Fahrten spezialisiert hat, und sie gaben mir alle Ratschläge, die ich brauchte.« Der *Dune* von Olivier wurde für das Abenteuer gerüstet. Die Glasfenster wurden durch Makrolon-Polycarbonatscheiben ersetzt. Ein Sechspunkt-Überrollbügel verstärkte die Fahrgastzelle zum Schutz der Insassen, »aus kalt gezogenem Tu37b-Stahl, der wesentlich widerstandsfähiger ist«, erklärt der kluge Techniker Olivier. Mehr als ein Jahr Vorbereitung war nötig. Der *Dune*, der wegen der von Olivier gewählten Lackierung so getauft wurde, ist heute anstelle des ursprünglichen 602 cm³ Zweizylinder-Boxers mit einem 652 cm³ großen Zweizylinder-Boxermotor des Citroën Visa ausgestattet, der nach etwas Tuning die Leistung von 40 PS erbringt. Der originale Sole-Doppelvergaser mit 18/26 mm Durchmesser wurde durch einen von Weber mit 32/34 mm ersetzt. Olivier verstärkte auch das Fahrwerk. »Bevor ich nach Marokko bin, habe ich Bilstein-Rennstoßdämpfer mit Federn des Citroën Acadiane eingebaut, aber später wieder die Federn des 2 CV hergenommen, weil die anderen für unsere Straßen zu hart waren.« Schalensitze mit Vierpunktgurten nahmen im 2 CV Platz. Und das Textilverdeck wurde durch ein festes Dach ersetzt, eine Vorschrift bei sportlichen Rennen. Aber Olivier achtet trotzdem darauf, die ersetzten Teile aufzuheben. Anfang Juli 2019, zwei Monate vor seiner Abreise zur Marokko-Rallye, machte Olivier als Training bei einer Sport-Rallye mit, um die Abstimmung seines 2 CV zu testen. »Ich ließ mich auf das Spiel gegen die Uhr ein, aber als ich in einen Graben gefahren bin, hat sich das Chassis verbogen. Zum Glück half mir ein Freund mit einem Chassis in gutem Zustand aus, aber alles musste zerlegt und wieder zusammengebaut werden und die notwendigen Verstärkungen waren neu auszuführen. Leider hatte mein Freund Gaël, der mir sonst immer hilft, vor dem 1. September keine Zeit. So haben wir den 2 CV zwei Wochen vor dem Start komplett neu aufgebaut. Gerade mal zwei Tage vor meiner Abreise war ich fertig.« Und so jagten Olivier und sein Vater als stolzer Copilot zwei Wochen lang rund 3.200 km am Steuer dieses tapferen 2 CV *Dune* über die Pisten Marokkos, durch Tanger, über die Dünen von Merzouga und die Berge des marokkanischen Hohen Atlas in Ouarzazate. »Mein Traum ist es nun, mir einen 2 CV mit Allradantrieb zu bauen!«

F
EX
725-PM
YDT

Oliviers 2-CV-Pilotensitzplatz ist der eines echten Sportwagens geworden!

Drehzahlmesser, Voltmeter, Motorthermometer und Öldruckanzeige gehören zum originalen Tacho.

Aus einer Offroad-Ente für Spaß abseits der Straße ist Oliviers *Dune* zu einem 2 CV geworden, der bereit ist, bei einer Rallye anzutreten!

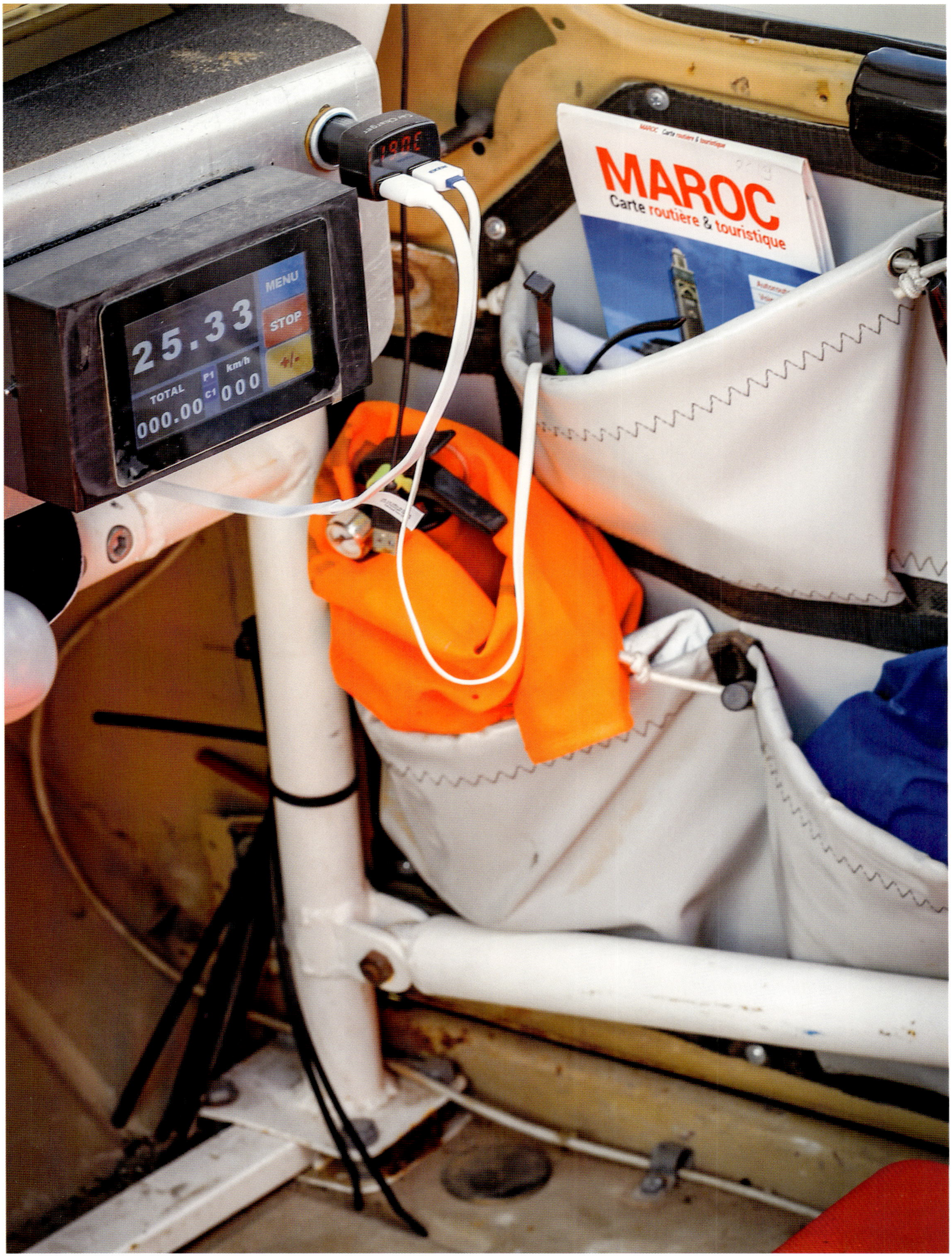

Tripmaster und Karte von Marokko sind auf der Beifahrerseite von Oliviers 2 CV zu finden und warten auf den Copiloten.

F
EX
725-PM
YDT

DEUCHE

Patrick W.

1987 | Sausss Ente

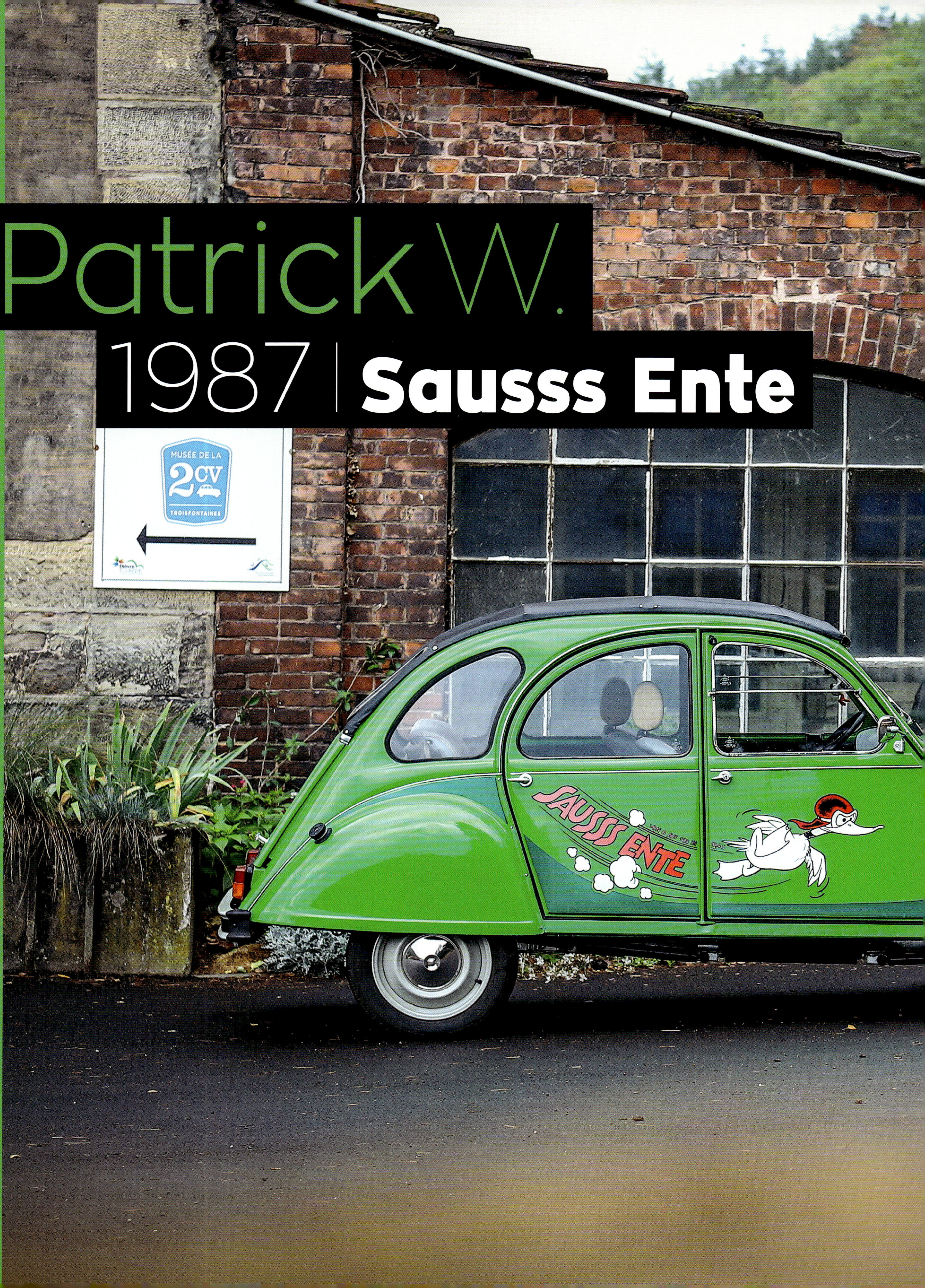

SAUSSS ENTE
VON 0 AUF 100 IN 59,4 S
CITROËN

»Von 0 auf 100 in 59,4 s«, so lautet das ironische Versprechen an den Seitentüren und auf der Heckklappe.

Der 2 CV, das französische Auto par excellence, verführte weit über die Grenzen der Grande Nation hinaus die Autofahrer, vor allem in Deutschland, wo er liebevoll »Ente« getauft wurde. Als Patrick aus Straßburg die berühmte deutsche Sonderserie Sausss Ente entdeckte, war es für ihn Liebe auf den ersten Blick.

> Es war Liebe auf den ersten Blick! So etwas hatte ich noch nie bei einem Auto erlebt.

Patrick W.

Liebesgeschichten mit dem 2 CV gründen nicht immer auf einer Kindheitserinnerung. Die Ente verführt auch Erwachsene. Vor allem diejenigen, die es geschafft haben, ein kindliches Gemüt zu bewahren. Dies ist bei Patrick der Fall, einem kräftigen 1,84 Meter großen Mannsbild, Jahrgang 1976, und von Beruf Klempner, der sich erst spät in die Ente verliebte: »Vor etwa zehn Jahren begann ich mich plötzlich für Oldtimer zu interessieren. Ich kaufte zuerst einen Renault 4 und hielt dann nach einem 2 CV Ausschau.« 2016 intensivierte Patrick seine Suche nach einem 2 CV. Obwohl er kein großer Kenner der Modellgeschichte war, mochte er doch ein Originalmodell finden. »Eines Sonntags fuhr ich um acht Uhr morgens in mein Büro, um Papierkram zu erledigen. Bevor ich begann, schaute ich automatisch auf Leboncoin [eine französische Kleinanzeigen-Website]. Und da bin ich auf diesen 2 CV gestoßen: die Sausss Ente. Ich sage mir: Heiliger Antonius, der ist es!« Angesichts der Uhrzeit rief Patrick nicht sofort an, sondern machte sich auf die Suche nach Infos über diesen lustigen 2 CV. Er entdeckte, dass die Modellvariante Sausss Ente 1987 von Citroën exklusiv für den deutschen Markt produziert wurde, daher der Name, der vom Sausen kommt und den deutschen Spitznamen Ente offiziell macht. Ach, das Auto ist so schön und nimmt sich selbst nicht ernst; dieser 2 CV zeigt eine behelmte Ente an den Türen, die zu rasen scheint und dabei ihre Leistung herausposaunt: von 0 auf 100 km/h in 59,4 Sekunden. Urig, wenn man bedenkt, dass ein präparierter Porsche 911 Turbo S heute die gleiche Leistung in nur 1,87 Sekunden abliefert! »Zwischen 300 und 400 Exemplare wurden produziert. Der Preis war echt gut und die Anzeige war seit Mitternacht online. Ich wartete bis neun Uhr und rief den Verkäufer an. Das Auto stand in der Nähe von Annecy, was für mich, der ich in Straßburg lebe, etwas weit weg war. Aber hey, ich wusste, dass ich nicht zu lange überlegen durfte. Ich bat ihn, mir nur eine Stunde zu geben, um mich zu entscheiden. Ich rief meine Frau an und sagte ihr, dass ich meinen 2 CV gefunden habe und dass ich nach Annecy fahren würde, um ihn zu holen. Um zehn Uhr fuhr ich mit meinem Hänger los, um den 2 CV aufzugabeln.« Ungefähr vier Stunden später stand Patrick vor seinem zukünftigen 2 CV. »Ich habe den Verkäufer nach einer Probefahrt gefragt, vor allem auch um zu wissen, wie er funktioniert, denn es war mein erstes Mal mit einem 2 CV. Es war Liebe auf den ersten Blick! So etwas hatte ich noch nie bei einem Auto erlebt! Das Feeling in einem 2 CV ist einmalig. Es gibt das Gefühl einer Rückkehr, aber es ist noch viel stärker. Dieser Zweizylindermotor, dieses Geräusch, die Stimmung beim Fahren, sogar der Geruch. Alles ist fantastisch.« Patrick kennt die ganze Geschichte seines Autos. Es wurde 1987 von einer Deutschen aus Leichlingen bei Köln neu gekauft. Sie behielt es bis 2009, dann gab sie es an die Firma Auto-Nostalgie in Tiefenbronn ab, die es dann an einen Pfarrer in der Region Rhône-Alpes verkaufte. Der schließlich verscherbelte es 2013 an Patricks Verkäufer, der es drei Jahre lang behielt. »Bei seinem Verkauf nach Frankreich 2010 stand der Kilometerzähler laut den Papieren bei 52.570 km«, sagt Patrick. »Aber ich vermute, dass er einmal überdreht hat, dennoch war er insgesamt in guter Verfassung, wenn auch nicht perfekt. Der glückliche Patrick trat sofort den 2-CV-Freunden Elsass bei und nahm an verschiedenen Veranstaltungen teil, darunter den nationalen 2-CV-Treffen in Nîmes 2017 und Besançon 2018.

VON 0 AUF 100 IN 52,4 S
SAUSS

SAUSS ENTE

> Ein echter Glücksfall! Das Ziel war, sie so zu erhalten, wie sie war, da sie alle für die Sausss Ente typischen Merkmale besitzt.

1987 | SAUSSS ENTE

Sausss Ente • 602 cm^3 • 29 PS

Nach einiger Zeit beschloss Patrick, dass seine hübsche Comic-Ente, die auf einem bambusgrünen Hintergrund flitzt, der einzigartigen Farbe der Sausss Ente, eine komplette Restaurierung verdiente. Er vertraute also sein Auto der guten Pflege der Werkstatt von Jojo an, einem Straßburger 2-CV-Spezialisten, der sich bereits nach dem Kauf um die Überholung und technische Prüfung der Schönheit gekümmert hatte. »Der Lack begann zu verblassen. Als wir ihn auseinandernahmen, stellten wir fest, dass die Karosserie an einigen Stellen ausgebessert und geschweißt war, sodass Rost auftrat. Also beschloss ich, es richtig zu machen. Wir haben ein neues Chassis bestellt und einen Großteil der Karosserie und des Bodens neu gemacht. Er wurde komplett neu lackiert, aber am schwierigsten war es, die Aufkleber zu finden. Neuere Hersteller sind nicht perfekt, weil der Schnabel der Ente gelb statt weiß ist. Da ich Deutsch spreche, konnte ich in Deutschland einen kompletten Satz originaler Citroën-Aufkleber besorgen. Ein echter Glücksfall! Das Ziel war, sie so zu erhalten, wie sie war, da sie alle für die Sausss Ente typischen Merkmale besitzt. Die einzigen Teile, die nicht original sind, sind die Radkappen, bei denen serienmäßig die Radmuttern schwarz und die Felgen weiß lackiert sind. Die Sitzbezüge sind noch nicht so, wie sie ursprünglich waren, aber ich habe noch nicht gefunden, was ich wollte. Schließlich, da ich groß bin, habe ich die Sonnenblenden entfernt, sonst kann ich nichts sehen.« Glücklicherweise ist ein weiteres Merkmal dieses Modells, dass die Rückenlehne des Fahrersitzes verstellbar ist, was es unserem Freund bequemer macht. Um den deutschen Zulassungsbestimmungen zu entsprechen, hat der 2 CV 6 einige Besonderheiten, die bei den französischen Modellen fehlen. Dazu gehören das Rückfahrlicht, die Kunststoffkappen an den Enden der Stoßstangen, Schutzbügel an den Haken, die das Verdeck schließen, und ein Lichthupenhebel auf dem Armaturenbrett. Dieses stammt aus dem 2 CV Club, mit Tacho auf braunem Grund und einem Einspeichen-Lenkrad. Optional wurden auch Kopfstützen vorn angeboten, Radiovorrüstung mit einer externen Antenne und Lautsprecher in den Ablagefächern der Vordertüren, mit denen auch Patricks Ente ausgestattet ist. Der 1987 vorgestellten Sauss Ente ging in Deutschland eine weitere 2-CV-Sonderserie voraus, die »grüne Ente«. Diese erste deutsche Edition von 1985 hatte die Besonderheit, bleifrei zu fahren, und zeigte daher eine kleine Ente, die an der Tür lief und sagte »I fly bleifrei«, was bedeutet »Ich fliege bleifrei«. Sein Motor hatte daher ein geringeres Verdichtungsverhältnis und einen auf 597 cm^3 verkleinerten Hubraum. Der von Patrick ist mit dem 602 cm^3 großen Zweizylinder-Boxer ausgestattet, wie es auf dem Motor steht.

AK-150-XA

Die Sauss Ente bot optional eine Radiovorrüstung mit einer Teleskopantenne, die neben dem rechten Kotflügel angebracht war.

Um deutschen Zulassungsvorschriften zu entsprechen, sind die Endkappen der Stoßstangen mit schwarzem Kunststoff überzogen.

Dieser lange Hebel dient dazu, die Lichthupe zu betätigen, eine von den deutschen Behörden vorgeschriebene Vorrichtung.

Ein weitere deutsche Besonderheit ist dieser Schutzbügel, der verhindert, dass sich der Haken des Verdecks während der Fahrt öffnet.

VON 0 AUF 100 IN 59,4 S
SAUSSS ENTE

Xavier L.
1955 | Type AZ

470-BH86

Die Typenschilder bestätigen, dass es sich bei dem am 21. Juli 1955 gebauten 2 CV um die Type AZ handelt.

Diese alte Dame aus dem Jahr 1955 war 18 Jahre lang in einer zugigen Scheune abgestellt und wurde dank Xaviers Leidenschaft wiederbelebt, der bei der Restaurierung die ursprüngliche Konfiguration respektierte und gleichzeitig die natürliche Patina dieser Ente bewahrt hat.

> Ich bemerkte, dass er tadellos war, nur oberflächlicher Rost.

Xavier L.

»Nach dem Führerschein kauften sich meine Freunde tolle Autos, Ford Escorts und Fiestas. Einer schaffte sogar einen sportlichen XR2 an. Das konnte ich mir nicht leisten. Also habe ich mir einen 2 CV gekauft«, sagt Xavier mit einem Hauch Nostalgie. »Ich war kein großer Fan des 2 CV. Die einzige Kindheitserinnerung, die ich an Citroën habe, war eine DS. Ich glaubte sogar, dass man mit einem 2 CV nicht sehr weit kommt.« Die Zukunft sollte Xavier das Gegenteil beweisen. »Mein erster 2 CV war ein Charleston Baujahr 1981, den ich von einem Großmütterchen erstand. Es war ein Modell aus der allerersten Serie, die heute sehr gefragt ist. Erst viele Jahre später habe ich begriffen, dass er eine Seltenheit war. Er lief wirklich gut und ich schaffte ohne allzu große Schwierigkeiten 120 km/h. Damals habe ich 10.000 Francs (ca. 1.500 Euro) gezahlt. Ich musste mich anfangs etwas an die Fahrweise gewöhnen, vor allem an das Getriebe mit dem ersten Gang unten. Aber das ging schnell. Ich habe ihn rund vier Jahre lang behalten und bin über 100.000 km gefahren.« Xavier war begeistert. Die Ente war in sein Leben getreten – und zwar so sehr, dass er mit einem Klassenkamerad begann, 2 CV, die wegen einer staatlichen Abwrackprämie auf den Autofriedhof abgeschoben wurden, wieder herzurichten. Als es an der Zeit war, sein erstes Auto zu ersetzen, hat Xavier seinen Blick auf … einen anderen Charleston geworfen, den er diesmal von einem Philosophielehrer am Gymnasium kaufte. Dann machte er seinen Fachhochschulabschluss in Produktion und Mechanik. »Er war von 1987. Er hatte 90.000 km auf der Uhr, als ich ihn kaufte. Er war einwandfrei, Kaufunterlagen vollständig und scheckheftgepflegt. Ich habe ihn nie hergegeben. Ich war mit ihm fast überall in Frankreich unterwegs, von Norden bis Süden.« Dank eines Flyers, der im Scheibenwischer seines 2 CV gesteckt hatte, lernte Xavier den Touraine Club 2 CV kennen, dem er 1996 beitrat. Er entdeckte zu seinem größten Vergnügen die nationalen 2-CV-Treffen. »Ich war auf mehr als einem Dutzend, einschließlich dem, das 1998 in Paris zum 50-jährigen Jubiläum des 2 CV stattfand. Wir sind auf den Champs-Élysées und auf dem Autodrom von Montlhéry gefahren, es war super.« Xavier entwickelte daraufhin eine besondere Vorliebe für Citroën und heiratete sogar in einem Ami 8, mit seinem 2 CV Charleston als Besenwagen. Ein 2 CV Spot Baujahr 1986 vergrößerte die Familie. Dieses Auto schenkte er später seinem ältesten Sohn Alan, einem Karossier und Lackierer, der sich ebenfalls für Enten begeisterte. »Derzeit plane ich, meinen Charleston zu restaurieren. Die Karosserie hat mehr als 350.000 km auf dem Buckel und ich möchte sie überholen.« Xavier legt bei der Restaurierung eines 2 CV besonderen Wert darauf, die originalen Merkmale zu bewahren. Dafür musste er auf Teilebörsen und bei einer hat er eine Verkaufsanzeige für einen unglaublichen 1955er 2 CV AZ entdeckt, der in einer Scheune aufgefunden wurde. »Mit meinem Freund Vincent, der ebenfalls ein Autofan ist, habe ich sofort den Verkäufer kontaktiert und wir haben uns diesen 2 CV angesehen. Der Verkäufer war ein mürrischer alter Herr, der fast hundert Autos auf seinem Hof hatte, fast alles Wracks. Und dann war da noch dieser 2 CV, der unter einem unverschlossenen Verschlag stand und sich seit 18 Jahren nicht bewegt hatte. Der Mann hatte ihn 1999 von jemandem erworben, der ihn 1955 neu gekauft hatte. Es war 2018, und als ich den Boden ansah, bemerkte ich, dass er tadellos war, nur oberflächlicher Rost.« Nach zähen Verhandlungen gelang es Xavier, diese reizende alte Dame in die Finger zu bekommen.

Rue
de l'Aérodrome
470-BH86

7,5t
SIGNAL
AUTOMATIQUE
Aérodrome
STOP
100 m

> Ich habe alles getan, um ihn so gut wie möglich so zu lassen.

1955 | TYPE AZ

AZ • 425 cm^3 • 12 PS

Dieses beliebte Modell stellte Citroën 1954, also sechs Jahre nach der Einführung des 2 CV, vor. Aus der Type A entstand die Type AZ, wobei der luftgekühlte Zweizylinder-Boxermotor von 375 auf 425 cm^3 wuchs. Xaviers Type AZ aus dem Juli 1955 war allerdings nicht mehr mit dem sehr seltenen Federungssystem mit sichtbaren Federn ausgestattet, das von Dezember 1954 bis Mai 1955 eingebaut wurde. Dieses System wurde damals kritisiert, weil Kieselsteine in den Windungen der Federn stecken blieben und die Funktionsfähigkeit der Federung und das Fahrverhalten des Autos beeinträchtigten. Dieses System ist heute allerdings ein Muss für Sammler. »Das war das erste, nach dem ich geguckt habe, als ich ihn inspizierte«, bestätigt Xavier. Obwohl es fehlte, verfiel er dem Charme dieses in den Jahren dezent patinierten 2 CV. »Damals waren die Karosserieteile sehr dick. Es war kein durchdringender Rost.« Dieser Glanz der Zeit lässt stellenweise noch die originale hellgraue Lackierung, Code AC132, hervortreten, besonders auf der welligen Motorhaube und am linken hinteren Kotflügel. »Neben dem Auto war ein Haufen Bretter und Werkzeuge gelagert, dadurch war es gegen Wind und Feuchtigkeit geschützt. Ich wollte nicht schmirgeln, um die Farbe unter dem Rost zu finden, im Gegenteil, ich habe alles getan, um ihn so gut wie möglich so zu lassen.« Nach einer so langen Standphase war Xavier gezwungen, das Auto wieder auf Vordermann zu bringen. »Man konnte beim Anlassen des Motors mit der Startkurbel erkennen, dass keine Kompression mehr vorhanden war. Zuhause machten wir einen ordentlichen Ölwechsel, tauschten die Unterbrecher aus, reinigten den Vergaser und nach einer Stunde ließ er sich starten. Wir erkannten, dass er nicht topfit war. Aber durch vieles Drehen lief er immer runder.« Der unglaubliche Zweizylinder-Boxer brauchte nur ein paar Liebkosungen, um wieder zum Leben zu erwachen ... »Ich habe den Motor nicht einmal aufgemacht«, unterstreicht Xavier. »Ich habe nur den undichten hinteren Getriebeöldichtring gewechselt, die Kipphebel eingestellt, die Zündkerzen, die Spule, den Luftfilter gewechselt, die Vergaserdichtungen ersetzt und eine neue Kraftstoffpumpe eingebaut.« Xavier überholte das gesamte Bremssystem und machte sich dann daran, den Wagen möglichst exakt in den Originalzustand zurückzuversetzen, indem er alle Teile austauschte, die im Laufe der Zeit neu eingebaut worden waren. »Ich habe die Türverkleidung mit dem originalen grünen Hahnentritt-Stoff erneuert, die Sitze wie früher mit grün-grauem Tartan-Stoff bezogen und die Pegazaux-Rücklichter wieder angebracht.« Die Suche nach diesen seltenen Gegenständen verlangte von Xavier viel Ausdauer. »Die Felgen wurden in der Originalfarbe Elfenbein hell AC123 neu lackiert. Ich habe das kurze Verdeck und den Kofferraumdeckel ersetzt, da sie überhaupt nicht zum AZ passten. Aber ich konnte nicht den genauen Farbton des Verdecks finden, der mehr ins Blau ging und mit Kunststoff beschichtet war, während das von mir angebrachte vollständig aus Baumwolle besteht.« Ausgestattet mit originalem Wagenheber und Reserverad, sowie der originalen Wartungsanleitung an der Fahrer-Sonnenblende, verbindet diese Type AZ eine zeitgemäße Restaurierung mit dem einzigartigen Charme eines 2 CV mit alter Patina.

470 BH-86
CITROEN

Das Schema der Getriebeanordnung zeigt den ersten Gang unten, Rückwärtsgang oben und drei Gänge plus Overdrive.

Außen patiniert, hat dieser schöne AZ einen überwältigenden grün-grau karierten Sitzbezug bekommen, so wie er früher war.

Die Wartungsanleitung auf der Fahrer-Sonnenblende ist gut erhalten. Die Blende ist ein inzwischen gewellter Karton mit Metallrahmen.

Xavier fand diesen grünen Stoff mit Hahnentrittmuster für die Türverkleidung. Alt und Neu verbinden sich elegant miteinander..

470

BH86

Jehef & Gab

1964 | Wazaam

CONCEPT O CAR
ATELIER
des Chevrons
KS TOOLS
FFI
BOMBEIRO
Racing Organisation
CITROËN
BOMBEIRO
CONCEPT O CAR
WAZAAM

ATELIER
WAZAAM
CONCEPTOCAR
BOMBEIRO

Gab (links) und Jehef (rechts) bilden ein prächtiges und lustiges Mechaniker-Tandem. Immer guter Laune und unkompliziert wie der 2 CV.

Eine Werkstatt, zwei Firmen: Conceptocar und Bombeiro, die den 2 CV in den Mittelpunkt unterhaltsamer und überraschender Ereignisse stellen; und eine enge Freundschaft, gegründet auf einer gemeinsamen Passion. Dies ist die Geschichte von Jehef und Gab, die den Wazaam konzipiert haben, einen 2 CV, der in einer Minute ohne Werkzeug zerlegt werden kann!

> Als ich meinen ersten 2 CV zerlegte, fühlte ich in meinem tiefsten Inneren, dass ich mit ihm im Einklang war.

Gab F.

»Meine Liebesgeschichte mit dem 2 CV begann wie die bei meiner Frau Hélène: Beim ersten Blick verliebte ich mich!« Einen Kaffee in der Hand, in dem Raum, in dem das Team der Chevron-Werkstatt zu Mittag isst, widmet sich Gabriel, kurz Gab, von ganzem Herzen seinem Schwarm, der Ente. »Der Sound und der Anblick dieses Autos haben mich schon als Kind sofort fasziniert. Auf dem Weg in den Urlaub habe ich sie alle gezählt. Ich habe die Nummernschilder in ein kleines Notizbuch geschrieben, das ich leider verloren habe. Allerdings hatten wir in der Familie keinen Citroën, wir waren auf Renault abonniert. Ich kann nicht sagen, warum ich plötzlich diese Faszination für den 2 CV hatte.« Jovial, ein bisschen spöttisch und gerne scherzend, verbreitet Gab gern seine gute Laune. »Was meine Persönlichkeit ausmacht und was ich zum Leben brauche, ist, Dinge zusammen mit anderen zu tun. Allein schaffe ich nicht viel. Wir haben Spaß, wir werden uns einig, dann stellen wir uns in Schlachtordnung auf und machen Sachen, die uns gefallen. Wir suchen einen Traum und lassen ihn wahr werden. Da wir nicht wissen, dass es unmöglich ist, machen wir es.« Ein Charakterzug, der ihn seit seiner frühesten Kindheit auszeichnet. »Als Kind waren meine ersten Hobbys mit meinen Freunden Lego®, Modellbausätze, dann kamen Fahrräder an die Reihe, wir frisierten Mopeds, bauten kleine Karts, wobei wir die Wünsche jedes einzelnen mit Know-how umsetzten.« Er hat sich »selbst konstruiert, aber zusammen mit anderen«. Gab gibt allerdings zu, dass er aus seinen Übungen vor allem in Technik, dann auch Management, eine gewisse Härte geschöpft hat. »Ich kam in das Alter, wo man ein Auto fahren durfte. Ich habe einen Super 5 in die Hände bekommen, aber es war nicht das, was ich wollte. Das Geräusch des 2 CV und sein Anblick spukten noch immer in meinem Kopf. Und ich habe endlich einen gefunden! Ein hübscher 1989er in Vallelunga-Rot.« Die Ente entkam natürlich nicht der Schraubermanie ihres neuen Besitzers und wurde auseinandergenommen: »Ich habe dann gemerkt, dass sie schon verdammt gut gemacht ist, diese Kiste! Alles ist einfach und gut zugänglich. Es ist so offensichtlich, dass sie effizient ist. Ich hatte nie zuvor einen 2 CV angelangt. Und dann, ganz plötzlich, als ich ihn zerlegte, fühlte ich in meinem tiefsten Inneren, dass ich mit ihr im Einklang war. Für mich ist so das Leben!« Unser Mann machte sich auf die Suche nach Freunden, mit denen er diese Liebe teilen konnte. »1998 lernte ich meine Frau kennen, die im Marnetal in der Nähe des Einkaufszentrums Créteil-Soleil lebte. Auf der Straße sah ich überall 2 CV. Als ich im dritten Stock des Einkaufszentrums ankam, stieß ich in der Passage auf ein paar Typen, die einen 2 CV auseinandernahmen. Superstark!« So traf Gab die Anhänger des 2-CV-Clubs von Sucy und seinen zukünftigen Kumpel Jehef. »Ich habe gesehen, was für irres Zeug er gemacht hat. Und das hat mich unglaublich gereizt, denn auch ich muss immer aus dem Rahmen fallen, irgendetwas erfinden …« Sie verstehen sich glänzend, sind unzertrennlich und ergänzen sich in ihren Fähigkeiten, um unwahrscheinliche Maschinen zu bauen: vom 2 CV, den man vom Rücksitz aus fährt, über den Scooter mit 2-CV-Motor, zur 2-CV-Bar bis zum 2-CV-Schwimmbecken. »Wir sind sogar mit unseren beiden Familien in den Urlaub gefahren. Morgens um sieben Uhr standen Jehef und ich auf, schrieben Karten und arbeiteten daran, etwas für das Team-Building-Programm Mécano 2 CV zusammenzustellen, bevor wir mit den Kindern zum Strand gingen. Und so begann unser gemeinsames Leben …« So wurde Conceptocar geboren, ein Unternehmen, das sich der Kreation von Enten widmet, eine verrückter und origineller als die andere.

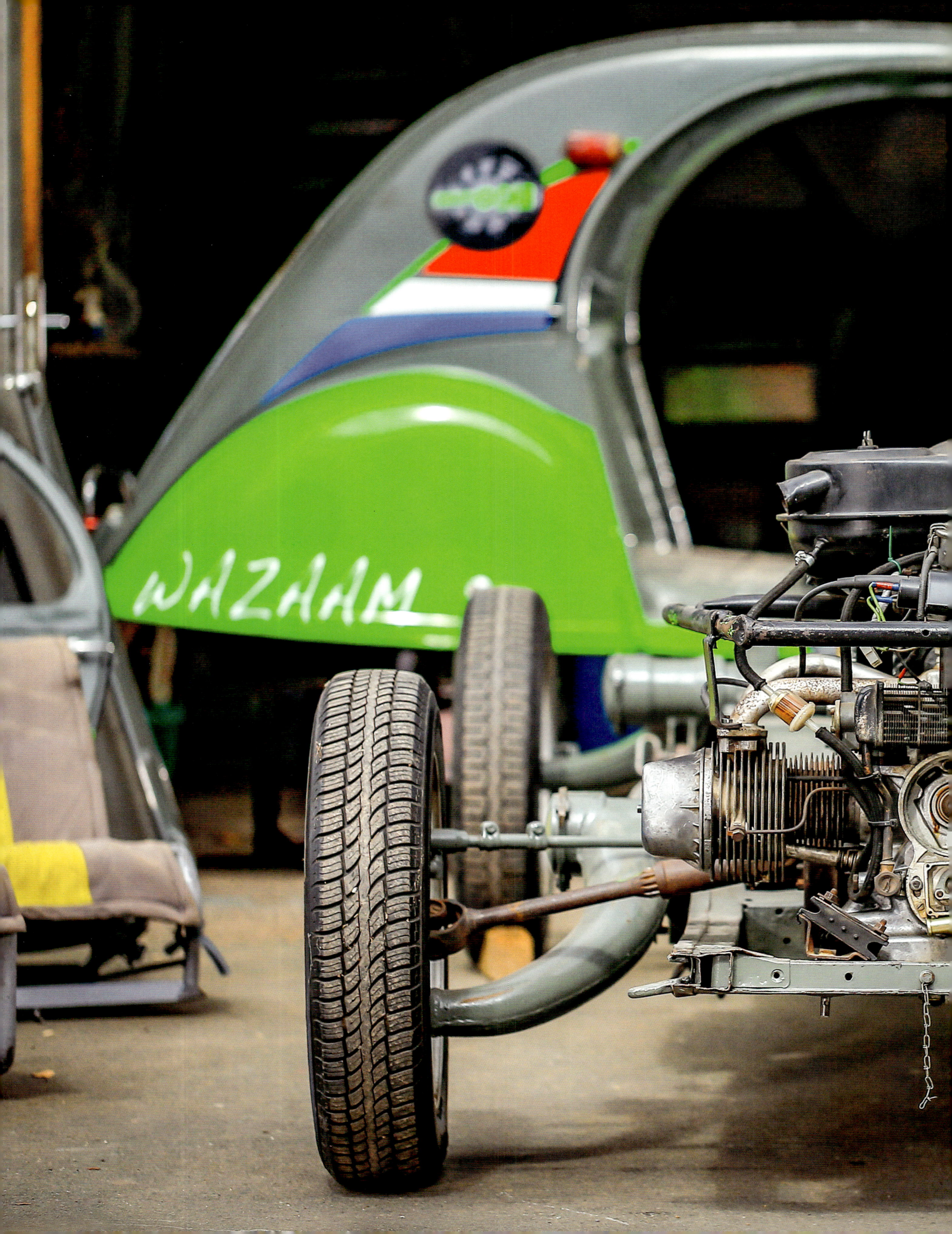
WAZAAM

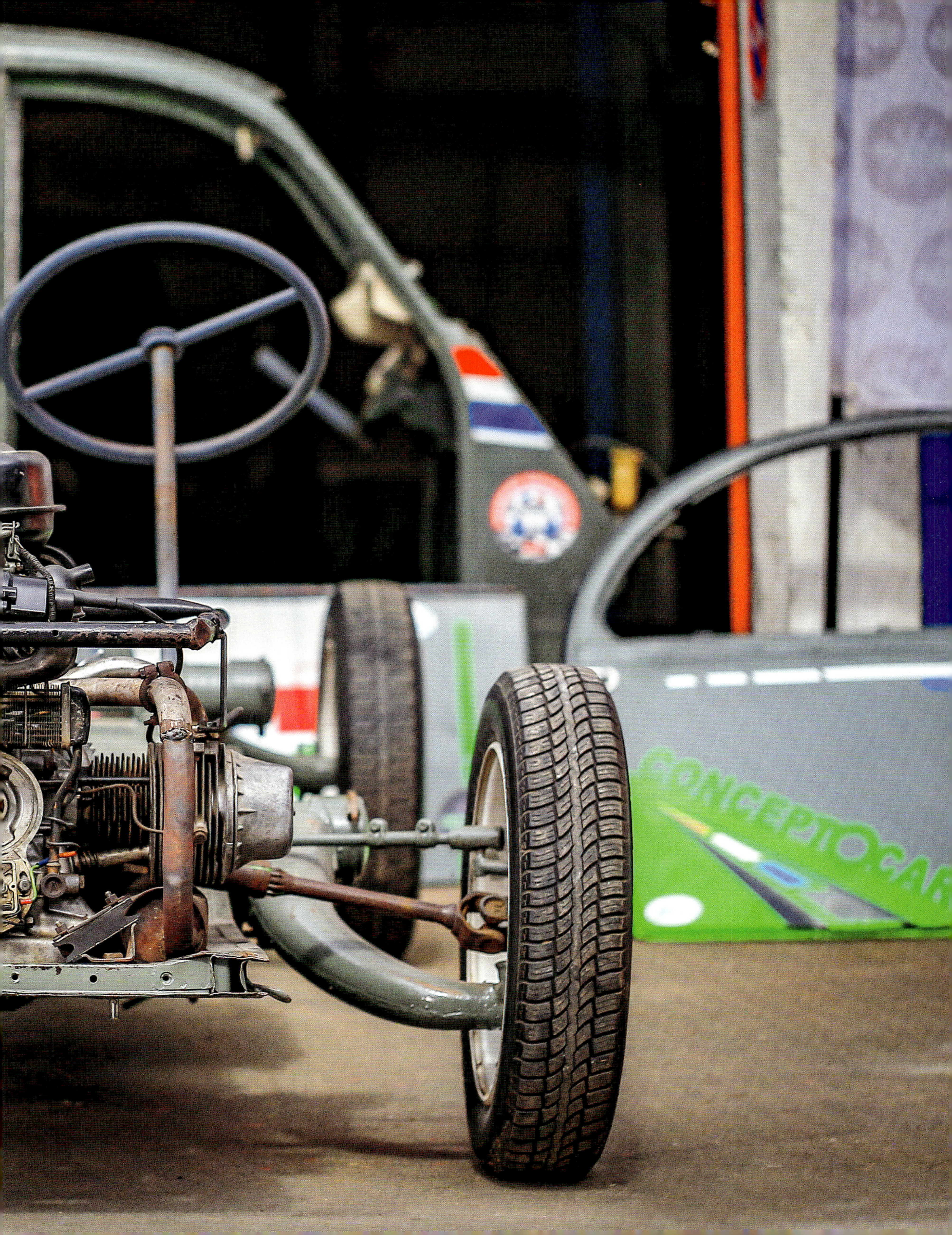

Staff
BOMBEIRO ORGANISATION

“

Dort wurde meine Leidenschaft geboren, als ich den ganzen Tag 2 CV beobachten konnte.

”

Jehef G.

Für Jean-François, genannt Jehef, ist die Erinnerung an seine erste Begegnung mit dem 2 CV sehr präzise. »Meine Mutter führte die *Petit Bar Breton* in Saint-Maur-des-Fossés. Eines Tages nahm mich Jean-Marie, einer ihrer Gäste, mit zu einer 2-CV-Cross-Demonstration. Dort wurde meine Leidenschaft geboren, als ich den ganzen Tag 2 CV beobachten konnte. Nichts hat mich dazu prädestiniert, mich in ihn zu verlieben. Mein Vater war eher Peugeot, sogar Renault. Damals war ich 19 und am Ende des Tages wurde mir angeboten, die Cross-Ente zu testen. Es war eine Offenbarung!« Jehef träumte sofort davon, einen 2 CV Cross zu kaufen, hoffte, seine Mutter könnte über den 2 CV Club de Sucy zu seinem Geburtstag einen auftreiben. »Ich hatte keine Ahnung von Mechanik und noch weniger von der Funktionsweise eines Verbrennungsmotors. Ich kaufte mir die *Revue technique automobile* über den 2 CV und machte mich daran, ganz allein den Motor zu zerlegen. Da mein Status in der Schule eher der eines Faulpelzes war, begann ich mit 15 Jahren in der Klimatechnik zu arbeiten, hoffte aber, bei der Pariser Feuerwehr unterzukommen. Meine Entdeckung des 2 CV fällt eigentlich mit meinen Anfängen als Feuerwehrmann zusammen.« Jehef ging ganz im 2 CV auf. Dieser kräftige Kerl – ehemaliger Boxer und Rugbyspieler – fand an den Wochenenden beim 2 CV Club de Sucy die Geselligkeit, die er so sehr schätzt. »1992 erreichte ich bei 180 Fahrern den 8. Platz in der französischen 2-CV-Cross-Meisterschaft. Zwei Jahre später, in meiner letzten Saison, fuhr ich einen 2 CV Cross in Feuerwehrlackierung. Leider war es mit dieser Ente eine echte Plackerei ...« Die Jahre vergingen und Jehef hatte viel Spaß beim Zerlegen und Zusammenbauen des 2 CV. Bis er sich eines Tages der Herausforderung stellte, ein 2-CV-Getriebe in weniger als einer Stunde zu reparieren. »Die Idee einer Herausforderung gegen die Uhr hat mich amüsiert. Einige Zeit später luden mich Freunde, die im Einkaufszentrum Créteil-Soleil arbeiteten, zu einer 2-CV-Ausstellung in der Einkaufspassage ein. Ich versammelte sechsundzwanzig 2 CV, alle unterschiedlich und umgebaut. Die Freunde wollten auch, dass ich ein Unterhaltungsprogramm auf die Beine stelle. Also kontaktierte ich das Guinness-Buch der Rekorde, um unseren Versuch anzumelden, dass vier Leute einen 2 CV so schnell wie möglich zerlegten. Ziel war es, das Chassis freizulegen und Getriebewellen, Kurbelwelle und Nockenwelle darauf zu platzieren. Damals glaubte ich, dass wir rund zwei Stunden brauchen würden. Am Ende dauerte es nur 48 Minuten, während der 2 CV in einem traurigen Zustand war. Dieser Rekord brachte Jehef auf den Geschmack. 2001, am Ende seiner Karriere als Feuerwehrmann, begann Jehef mit dieser neuen Beschäftigung. Bei Vorführungen, die Jehef und sein Freund Jean-Luc systematisch bei den 2-CV-Regionalclubs darboten, wurde die französische Meisterschaft im Zerlegen des 2 CV geboren. So begann das Heldenepos von Bombeiro Organisation, einer Vereinigung, die zu einer Firma geworden ist, die sich auf Enten-Events spezialisiert hat. Der Name ist von einem Portugal-Urlaub inspiriert, bei dem Jehef den Dorfbewohnern geholfen hatte, ein Buschfeuer zu löschen, *bombeiro* ist das portugiesische Wort für Feuerwehrmann. Verrückte Ideen, die unter Jehefs Mütze herumschwirren! Bombeiro offeriert heute viele Aktivitäten, darunter den Mécano 2 CV und sein originelles Kartenspiel, die Weltmeisterschaft im Motorzerlegen oder die Demontage des Boxermotors mit Boxhandschuhen, inspiriert von einem berühmten Coluche -Sketch, der mit solchen Handschuhen Geige gespielt hatte. Und es funktionierte! »2011 habe ich mit Patrick Vamelle, einem Freund, die Chevrons-Werkstatt gegründet. Er liebte den Traction Avant und hatte Räumlichkeiten, wo wir zusammenkamen. 2019 ging Patrick in den Ruhestand. Daraufhin gewann ich Gab als Partner und wir zogen nach Limeil-Brévannes.«

> Um den *Wazaam* zu kreieren, haben wir versucht, ihn so einfach wie möglich zu halten, das ist die Seele des 2 CV.

1964 | WAZAAM

AZA • 425 cm³ • 18 PS

Der *Wazaam* spiegelt perfekt das gute Einvernehmen zwischen Gab und Jehef, also auch zwischen Conceptocar von Gab und der Bombeiro Organisation von Jehef. »Conceptocar ist für den Bau des Autos verantwortlich und Bombeiro für die Animation. Wir bieten Team-Buildings an: Menschen treten in Teams an, um den *Wazaam* im Kampf gegen die Uhr zu zerlegen und wieder zusammenzubauen – alles ohne Werkzeug.« Die von Jehef und Gab erstellten pädagogischen Karten werden den Teilnehmern als Orientierungshilfe zur Verfügung gestellt. »Diese Art von Animation kann im Rahmen des Mécano 2 CV mit einem klassischen 2 CV durchgeführt werden oder einfacher mit dem *Wazaam*, da kein Werkzeug erforderlich ist.« Und das ist das Kunststück dieses einzigartigen 2 CV! »Unser Ziel war es zunächst, einen 2 CV mit vier Personen in weniger als zehn Minuten zu zerlegen«, erklärt Gab. »Wir haben sehr schnell gemerkt, dass wir das in vier Minuten schaffen können. Heute nach viel Übung ist der Rekord auf 54 Sekunden gesunken, gegen 57 Sekunden für den Zusammenbau.« Sogar mit zwei Leuten ist das Kunststück möglich: »Dann brauchen wir etwa eineinhalb Minuten.« Nicht zu glauben! Aber woher kommt dieser komische Name, *Wazaam*? »Die 2 CV sind an ihrem Aussehen zu erkennen«, sagt Gab. »Der erste 2 CV war ein Typ A. Dann kam der 2 CV Typ AZ, der zum AZAM verbessert wurde. Die beiden angehängten Buchstaben bedeuten „*am*élioré“, also verbessert. Von ihm ist man zum 1964 vorgestellten Modell AZA gekommen, das stark verbessert wurde, um die Demontage zu erleichtern. Wir haben dann ein AM hinzugefügt, wie es bereits Citroën gemacht hatte, daher AZAAM.« Bleibt das W... »Da wir ein bisschen bekloppt sind und überall die Wilden spielen, haben wir zum Spaß das W hinzugefügt«, lachen die beiden Freunde. »Und wenn man das Wort umdreht, kommt wieder *Waazam* heraus ...« Was die Technik betrifft,haben Gab und Jehef großen Einfallsreichtum bewiesen. »Um den *Wazaam* zu kreieren, haben wir versucht, ihn so einfach wie möglich zu halten, denn das ist die Seele des 2 CV. Unsere Wahl fiel daher auf einen AZA, da dieses Modell ohnehin leicht zu zerlegen ist. Die Türen wurden mit Yoder-Scharnieren befestigt. Zwei gefaltete Bleche gleiten bei ihnen ineinander. Alle vier Türen, die Heckklappe und die Motorhaube verwenden dieses System. Wir haben die Bolzen entfernt, die sie blockieren. Dito die Sitzbänke, die einfach mit Haken am Fahrgestell befestigt sind: kippen, zurückbewegen und es hält! Für die Karosserie hatte Jehef die gute Idee, Sockel anzubringen, um ihn auf den Boden zu stellen, ohne dass die Hände darunter eingeklemmt werden. Nach der Demontage der vorderen Kotflügel, die als Einheit mit

24
La Caisse
bombeiro organisation.com
27
Le Chassis roulant
bombeiro organisation.com

„Menschen treten in Teams an, um den *Wazaam* im Kampf gegen die Uhr zu zerlegen und wieder zusammenzubauen – alles ohne Werkzeug."

den Stoßstangen umgebaut wurden und mit der Karosserie entfernt wurden, bleibt das Fahrgestell auf Rädern übrig. Der Sinn für das Spektakel verpflichtet, die Kumpel haben dafür gesorgt, dass sie bei ihren Ausstellungen in dieser rudimentären Konfiguration fahren können. »Der Benzintank befindet sich normalerweise hinten am Chassis, aber wir brauchten unbedingt einen autonomen Motorblock inklusive Elektrik und Kraftstoff. Also haben wir die Batterie auf dem Getriebe befestigt und Benzin in eine Airbox gefüllt, die wir unterteilt haben. Wir füllen ungefähr einen Liter rein, das ist genug.« Der Fahrerplatz wurde vereinfacht. »Das Kupplungspedal haben wir rausgeschmissen, weil der AZA eine Fliehkraftkupplung hat, die es ermöglicht, Gänge zu wechseln, ohne auskuppeln zu müssen, wenn der Motor im Leerlauf ist. Für die Bremsen haben wir einen Hydraulikanschluss ohne Entlüftung verbaut. Beim Gaspedal genügte es, das Gasgestänge so umzubauen, dass es von Hand einrastet. Bei dem normalerweise zweiteiligen Schalthebel haben wir nur den am Motor beibehalten, den wir modifiziert haben, um ihn von der Karosserie aus zugänglich zu machen; und wir haben alles Notwendige für den Kabelbaum darauf montiert.« Sogar die Sitze sind Teil der Animation, die hinteren können in drei Positionen verschoben werden und der vordere kann, wenn das Lenkrad entfernt wurde, umgedreht werden, um zu plaudern oder zu picknicken. Und die Demontage geht weiter … »Das Lenkrad gleitet wie im Original mit seiner Lenksäule auf das Ritzel. Wir haben die Verriegelung einfach entfernt.« Blieben noch letzte Schritte, beginnend mit dem Ausbau des Motors: »Es gab wenige Änderungen, denn der Motor-Getriebe-Block ist auf den originalen 2 CV mit vier Schrauben auf dem Silentblock befestigt, zwei hinten und zwei vorne. Für die Befestigung der Achsen am Rahmen kam Jehef auf die Idee, eine einen Zentimeter dicke Eisenplatte zu verwenden. An der Hauptachse der Achsen wurde auf jeder Seite eine Platte angeschweißt. Diese finden in Schlitzen in den Längsträgern des Chassis Platz und werden durch Keile blockiert, die aus dem gleichen Metall gefertigt sind. »Wenn das Chassis auf dem Boden steht, ruht sein gesamtes Gewicht auf diesen Teilen, die blockiert und gesichert sind. Sobald wir den Motor und die Achsen entfernt haben, sind wir fertig!« Es ist Zeit für einen Aperitif: »Wir müssen nur die Karosserie umdrehen und an jedem Ende verkeilen, und wir haben eine supersympathische Theke. Wir haben sogar einen kleinen Behälter unter das Chassis geschweißt, um Flaschen und Becher zu verstauen. Bei Events haben wir bereits an mehr als hundert Personen einen Aperitif ausgeschenkt.« Und beim Zusammenbau wird weiter gescherzt: »Auf einem nationalen 2-CV-Treffen wollten wir Daniel Girod-Roux und Brigitte Malard Tribut zollen, zwei fabelhaften Persönlichkeiten in der Welt des 2 CV, die vor Kurzem gestorben sind. Daniel hatte viele fantastische Enten entworfen, darunter den Abschleppwagen, und Brigitte Malard war die Tochter von Jean Malard, der in den 1950er-Jahren in Orléans als erster einen 2-CV-Club gegründet hatte. Da Brigitte Malard ursprünglich aus Berry, dem Land der Hexen, stammte, legten wir einen Zauber auf den *Wazaam* und führten einen Hexenzusammenbau durch, wobei alle Elemente am Chassis nach Lust und Laune befestigt wurden. Und auch so fuhr er. Der 2 CV ist ein wirklich tolles Auto!«

ATELIER
TOOLS

CONCEPT CAR
BOMBEIRO ORGANISATION
WAZAAM
Racing Organisation
CITROËN

Keine Änderungen, da dieses Ritzel auch im Original die Lenksäule und das Lenkrad aufnimmt.

Dieses ausgeklügelte Verschlusssystem sichert die Achsen am Chassis und wird ohne Werkzeug durch leichtes Anheben demontiert.

ATELIER
INTERDIT AU PUBLIC
RECEPTION
PUBLIC
BESOIN D'AIDE POUR L'ACCÈS
SONNER
CONCEPTOCAR

BOMBEIRO ORGANISATION
CONCEPTOCAR
WAZAAM

Monique L.

1983 | Francine

2CV FRANCE 3
Citroën
AP-288-KX
Monique
2cv Mao

Beim Anschauen des Films *Louis und seine außerirdischen Kohlköpfe* hatte Monique die Idee, ihren 2 CV *Francine* zu taufen, ein Name, der perfekt zu ihrem Modell France 3 passt.

Der 2 CV France 3 duftet mit seiner blauen Welle, die entlang seiner weißen Karosserie wogt, nach Meer und Gischt. Ein Sondermodell, von dem Monique, die gebürtige Cotentinerin, entzückt ist, das sie liebevoll Francine *nennt. Es nimmt heute einen wichtigen Platz in ihrem Leben ein.*

> *Francine* kam zum richtigen Zeitpunkt, um meinem Leben neue Impulse zu geben.

Monique L.

»Meine Eltern hatten keinen 2 CV«, gibt Monique zu. »Dennoch war er immer ein Teil meiner Kindheit und Jugend. Ich erinnere mich an meine Cousine Thérèse, die mit ihrem grauen 2 CV Fourgonnette auf den Campingplätzen Gemüse verkaufte. Da war ich oft dabei. Ich war fünf Jahre alt und erinnere mich immer noch an das Tick-Tack-Geräusch des Blinkers.« Man kann sich als Erwachsener kaum vorstellen, was sich ein Kind einprägt. Fest steht jedoch, dass die Eindrücke der frühen Kindheit nie vergessen werden, die Bilder unweigerlich von Geschmäcken, Gerüchen, Klängen und manchmal auch Musik begleitet werden. Erinnerungen, die in wichtigen Momenten des Lebens wieder hochkommen. »Ich habe eine zweite Erinnerung, die mit dem grauen 2 CV meiner Freundin Evelyne verbunden ist: Am Tag meiner ersten Hochzeit hat sie mich in ihrem Auto gefahren.« Bei sieben Millionen produzierten Exemplaren in mehr als 40 Jahren Karriere, alle Versionen zusammengenommen, hat der 2 CV unweigerlich viele Menschen geprägt, was Monique bestätigt: »Es war das Auto meiner Zeit, meiner Generation, das meiner Jugend, obwohl ich nach dem Führerschein keines gekauft habe.« Die Jahre vergingen und das Leben meinte es mit Monique nicht immer gut: »Ich habe nach meiner Scheidung 2012 eine schwere Zeit durchgemacht. Ein halbes Jahr später ist mein Papa gestorben.« Die Stimmung geriet ins Wanken, und selbst als sie 2013 ihren neuen Lebensgefährten Daniel kennenlernte, heilten die Wunden nicht so leicht. Monique erlag dann dem Wunsch, sich einen Kindheitstraum zu erfüllen: eine eigene Ente. Als Amateurdichterin bringt Monique ihre Gefühle gerne zu Papier. »*Francine*, mein 2 CV, kam zum richtigen Zeitpunkt, um mir zu helfen, meinem Leben neue Impulse zu geben und die schlechte Zeit zu überstehen. Der Wunsch, mir einen 2 CV anzuschaffen, war schon lange da, aber es war mein Sohn Jean-Baptiste, der mir den letzten Schubser gab und mich überzeugte, den Schritt zu wagen.« Nach einigem Suchen hat Monique einen 2 CV 6 Special Baujahr 1983 ins Visier genommen, in der Version France 3 – ein Sondermodell, das im selben Jahr herausgekommen war. Sie kaufte ihn 2015 in der Region Anjou. Auf der Straße, die sie zurück in ihre Heimat Cotentin brachte, hatte der 2 CV von Monique leider eine Panne: Die Lüfterriemenscheibe brach, die Reise endete auf einem Abschleppwagen. Monique standen leider weitere böse Überraschungen bevor: »Ein paar Tage später, nach einer Kontrolle auf einer Hebebühne, fiel das Urteil: Das Chassis ist voller kaschierter Mängel, viele Löcher und Schwachstellen.« Sie rief sofort den Verkäufer an, der sich bereiterklärte, einen Teil der Reparaturen zu übernehmen: »Er war ehrlich genug, uns ein neues Chassis, Schrauben, Schaumstoffe und eine Lüfterriemenscheibe zu schicken.« Für Monique, die geplant hatte, ihren 2 CV im kommenden Sommer zu nutzen, war es eine Enttäuschung. »Das war umso überraschender, als die technische Kontrolle keine Probleme gezeigt hatte. Aber alle haben mir davon abgeraten, ein Auto in diesem Zustand zu fahren.« Monique blieb nur noch eine Lösung, ihren 2 CV von A bis Z überholen zu lassen: »Ich stand mit dem Rücken an der Wand! Ich hatte keine Ahnung, aber ich habe es begonnen. Ich habe François, einen Freund meines Sohnes und Mechaniker, gefragt, ob er uns helfen könnte, alle Karosseriearbeiten zu erledigen. Mit Daniel habe ich angefangen, den 2 CV in der Garage zu zerlegen.« Ohne dass sie es merkte, begann für Monique in diesem Moment ein unglaubliches Abenteuer, sowohl mechanisch als auch menschlich und persönlich.

83
AP-288-KX

Francine
AP-288-KX

> Die Hilfe war außergewöhnlich, wir schlossen sehr schöne Freundschaften.

1983 | FRANCINE

France 3 • 602 cm^3 • 29 PS

Auf der sehr lebhaften Welle der Sondermodelle reitend, beschloss Citroën 1983, den 2 CV France 3 auf den Markt zu bringen. Nach dem 2 CV Spot, der Dyane Caban, dem 2 CV Charleston, dem streng vertraulichen 2 CV 007, weckte dieser 2 CV Urlaubsgefühle und Strandfeeling, was so gut zu ihm passt. Das auf der Basis eines 2 CV 6 entwickelte Modell sollte auch als Sponsoringaktion das am America's Cup teilnehmende Segelboot France 3 unterstützen, daher der Name – der nichts mit dem gleichnamigen Fernsehsender zu tun hat, den es damals noch gar nicht gab –, von jedem verkauften Exemplar wurde eine Summe für den Unterhalt des Segelbootes gespendet. Gestaltet wurde diese Ente von der Agentur RSCG. Einzig das besondere Dekor und die weiße Polsterung mit blauen Streifen unterscheiden sie vom Standardmodell. 1983 wurden 2.000 Exemplare produziert, im darauffolgenden Jahr wurde der France 3 angesichts der Begeisterung, die er auslöste, in gleicher Stückzahl noch einmal aufgelegt. »Als wir mit der Restaurierung begannen, stellten wir fest, dass er in keinem sehr guten Zustand war. Da wir ihn tipptopp machen wollten, bestellten wir alle notwendigen Teile. Kotflügel, Motorhaube, Heckklappe, Türen, Kühlergrill, Scheinwerfer, Radkappen und Stoßstangen sind neu. Wir haben die gesamte Elektrik, die Bremsen und die Sitze erneuert. Von der alten *Francine* sind nur der Rumpf, die Felgen, das Verdeck und alle mechanischen Teile, die intakt waren, geblieben.« Die Erneuerung bis ins kleinste Detail hat es Monique ermöglicht, sich mit Leib und Seele dieser Herausforderung zu stellen: »Es war ein tolles Abenteuer, bei dem ich viel gelernt habe und bei dem wir faszinierende Bekanntschaften machen konnten.« Als echte Autodidaktin suchte sich Monique Ratschläge und Informationen, recherchierte nach Tutorials im Internet, Ratschlägen in Foren, in Fachzeitschriften und in Büchern und verbrachte die Abende mit Entenfreunden im Messenger, um zu lernen, wie man so ein Projekt realisiert. »Die Hilfe war außergewöhnlich, wir schlossen sehr schöne Freundschaften, besonders mit Yves, den wir vorher nicht kannten und der auf diesem Weg ein enger Freund geworden ist.« Im Juni 2016, ein Jahr nach Beginn der Arbeiten, stand Moniques 2 CV France 3 wieder funkelnagelneu auf seinen Rädern! »Bei unserer ersten Ausfahrt sind wir ans Meer. Wir fühlten eine außergewöhnliche Emotion und Stolz auf die geleistete Arbeit.« Diese erzwungene Restauration wendete letztlich alles zum Guten. »Das hat meinen Kopf wirklich frei gemacht und mir geholfen, die schwierige Lage zu überstehen. Ich denke viel daran, wenn ich ihn anschaue.« Monique hat ihren Elan behalten und ist heute in der kleinen Welt der Enten sehr aktiv. »Seit 2017 bin ich Administratorin der Fangruppe 2 CV Mag, wo ich mein Wissen und die Tipps teile, die ich gelernt habe.«

12
F3
2 CV FRANCE 3
AP-

Das Thema de- blauen Streifen ist allgegenwärtig, bis hin zur Uhr und der Mini-*Francine* auf dem Armaturenbrett.

Um den Charakter des France 3 zu unterstreichen, hat Monique das Lenkrad mit einem blau-weißen Lederüberzug versehen.

Elyane & Guy B.

1973 | **Camembert**

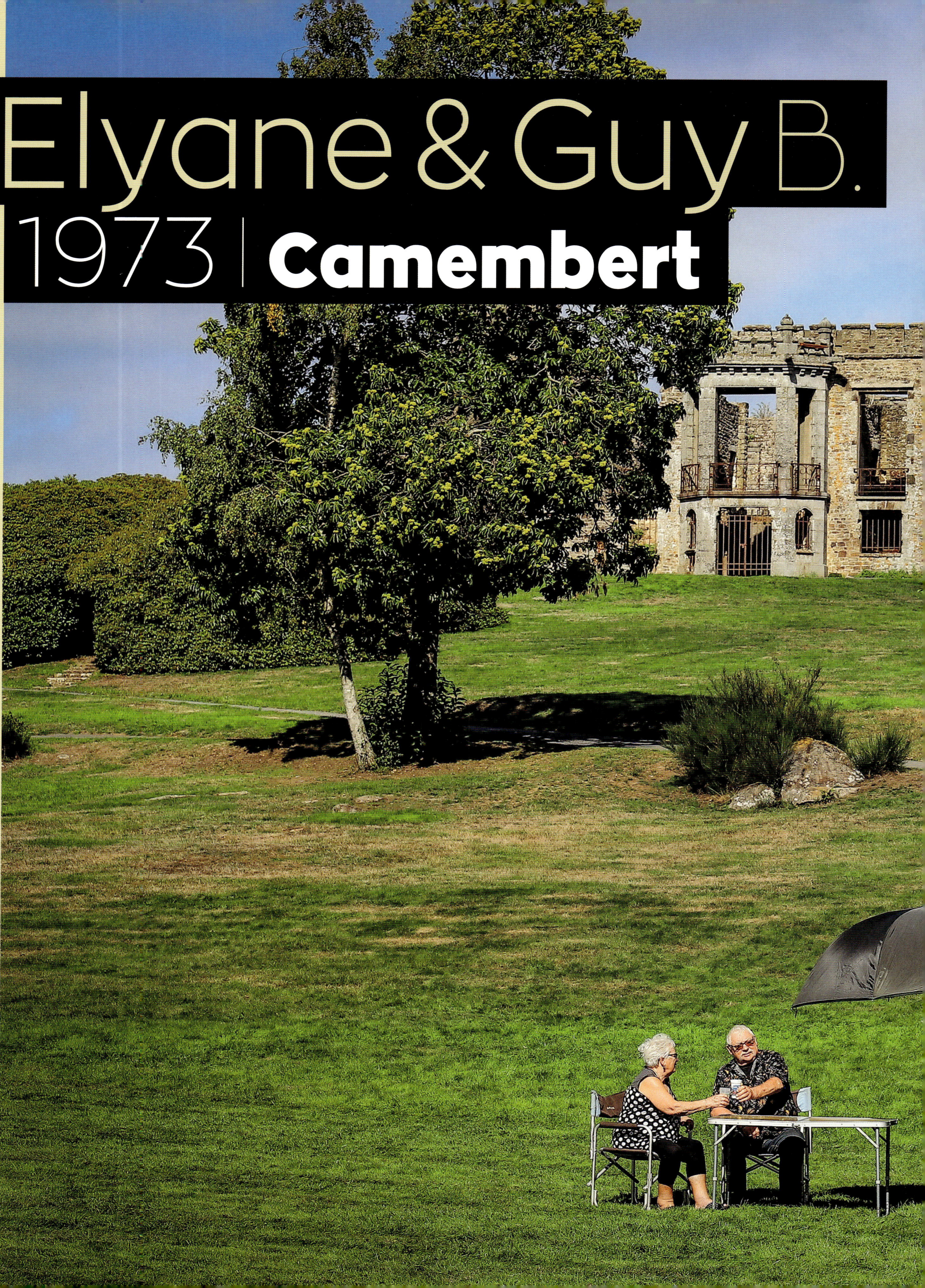

Biscuiterie de l'Abbaye

DEUCHE
Vallée
Biscuiterie de l'Abbaye
en Normandie
BRICORAMA
2019
L'ABBAYE
123ignition.nl
163 MX 61

Diese Europakarte zeigt die verschiedenen Europareisen, die mit dieser Fourgonnette unternommen wurden, Ziel war stets das alle zwei Jahre stattfindende internationale Treffen der Freunde des 2 CV.

Am Steuer ihres 2 CV AK400 Baujahr 1973 durchquerten Elyane und Guy als junges Pärchen in den Achtzigern Europa rauf und runter. Sie schliefen da, wo sie der Wind hintrieb, hinten in ihrer umgebauten Fourgonnette. Da der Wagen ursprünglich aus der Normandie stammte, gaben sie ihrer treuen Ente den Namen 2 CV Camembert. *Eine Klasse für sich!*

> # Unser 2 CV erregt Sympathie, mit ihm kommen wir überall hin. Das ist Freiheit!

Elyane & Guy B.

»Der 2 CV *Camembert*, wie lange haben wir ihn schon?«, wendet sich Guy an seine Gefährtin Elyane, die gerade den normannischen Cidre mit einer Schachtel Sandgebäck aus der gleichen Gegend auf den Tisch stellte. »Seit 1995!«, antwortet sie, eine veritable Chronistin ihrer vielen Reisen durch Europa. »Unser erstes 2-CV-Welttreffen fand 1993 in Finnland, in Nurmes, statt. Aber damals fuhren wir noch den alten 2 CV, den normalen.« Guy erläutert: »Die Großvater-Ente Baujahr 1964.« Als echte Fans besitzen Guy und Elyane eine Reihe von 2 CV und verschiedenen Citroëns. Aber derjenige, der ihnen besonders ans Herz gewachsen ist und der es ihnen seit 1995 ermöglicht, stilecht an allen internationalen und nationalen 2-CV-Treffen in Europa teilzunehmen, ist ihr 2 CV AK400 Baujahr 1973. »Ich habe ihn für ein Butterbrot gekauft«, lacht Guy, »aber er fuhr. Ich habe das Getriebe gewechselt, dann den Innenraum so umgebaut, dass wir beide darin schlafen können. Dann sind wir los ... Elyane, wo sind wir 1995 hingefahren?« – »Nach Slowenien!« Die erste Reise mit dem AK400 hatte eine geplante »Strecke von 4.500 bis 5.000 km«, sagt Elyane. Damals war der später *Camembert* getaufte 2 CV noch nicht so beklebt wie heute. »Der Club der Freunde des 2 CV hat uns einen Aufkleber Normandie–Slowenien anfertigen lassen, der noch immer an der Hintertür klebt.« Und direkt über diesem großen gelben Aufkleber zeigt ein weiterer die Daten dieses 11. Internationalen Treffens an, dem Ziel ihrer Reise nach Slowenien. Auch mit 79 und 84 Jahren haben Elyane und Guy schon immer ein Faible für Citroën, aber ihre Liebe auf den ersten Blick für den 2 CV – und zwischen ihnen – kam spät. »Wir haben uns 1991 kennengelernt«, sagt Elyane. »Und gleichzeitig begann meine Schwärmerei für den 2 CV, obwohl ich schon bei meiner ersten Heirat 1964 einen 2 CV hatte.« Für Guy, einen ehemaligen Lkw-Fahrer, gilt das Gleiche. Seine Passion für den 2 CV erwachte, als er mit 55 aus gesundheitlichen Gründen in Rente ging. »Früher standen auf dem ganzen Hof 2 CV«, erzählt er fröhlich. »Ich muss um die hundert gesammelt haben. Und ich habe noch eine schöne Anzahl vorrätig. Es gab sogar Zeiten, in denen die Jungs vom 2 CV Méhari Club Cassis einigen Kunden mit Sonderteilen nicht weiterhelfen konnten und mich anriefen.« Obwohl sie verlobt sind, wohnen Guy und Elyane nicht zusammen: »Ich wohne sieben Kilometer entfernt«, bestätigt Elyane. »Guy kommt jeden Mittag zum Essen, und am Wochenende gehe ich zu ihm. Er isst gerne früh zu Abend, während ich ein Nachtmensch bin.« Einmal auf die Straße gelassen, ist ein enges Zusammenleben in ihrer Fourgonnette jedoch unvermeidlich. »Wir leben zusammen, wenn wir in den Urlaub fahren!« Aber woher kommt diese Lust am Reisen und an 2-CV-Treffen? »Es ist dank unserem Nachbarn Olivier, der Mitglied des Clubs der Freunde des 2 CV war. Er hat uns eingeführt. Das erste Mal, als wir nach Finnland sind, hat es uns sehr gut gefallen. Wir haben gesehen, dass viele Deutsche ihre 2-CV-Lieferwagen umgebaut hatten. Wir haben uns gesagt, dass wir für das Treffen in Slowenien zwei Jahre später einen finden müssen.« So begann das Abenteuer. »Wir gehen, wohin wir wollen, halten, wenn es uns passt, und fahren wieder los, wann es uns gefällt. Wir meiden Campingplätze. Wir bevorzugen ein Zigeunerleben. Unser 2 CV erregt Sympathie, mit ihm kommen wir überall hin. Das ist Freiheit!«

DEUCHE
DEUCHE
DEUCHE
163 MX 61
CLUB CITROËN
CLUB CITROËN
20th INTERNATIONAL MEETING OF 2CV FRIENDS. 31.7-4.8.2015 ALCAÑIZ SPAIN

163 MX 61
DE L'ABBAYE
123ignition
2019

DEUCHE
Biscuiterie de l'Abbaye en Normandie
COUPE DE FRANCE DE SÉCURITÉ
APPELLATION D'ORIGINE
23rd INTERNATIONAL MEETING OF 2CV FRIENDS 30.07.-04.08.2019. CROATIA
12th INTERNATIONAL MEETING OF 2CV FRIENDS 30.7-3.8 1997 NETHERLANDS
LE PAYSAN NORMAND
CAMEMBERT DE NORMANDIE
Vallée
CZECH REPUBLIC
2009
21st International
TOITOI Polska
24e Rencontre Nationale des 2CV Clubs de France

“ Das ist kein Auto …
es ist ein Lebensgefühl. ”

1973 | CAMEMBERT

AK400 • 602 cm³ • 35 PS

Klein, aber praktisch ist die Fourgonnette von Elyane und Guy. Sie haben ihn im Laufe der Zeit fachmännisch optimiert. Jeder Platz wird ausgenutzt, ein Requisit unterzubringen. »Auf der linken Seite habe ich eine zusätzliche Batterie eingebaut, um das Beatmungsgerät, das ich nachts brauche, mit Strom zu versorgen. Diese Batterie wird mit den auf dem Dach platzierten Solarzellen aufgeladen. Früher wurde sie mit einer von mir eingebauten GS-Lichtmaschine aufgeladen. Aber das war nicht genug, vor allem, wenn bei den Treffen lange gestanden wurde.« Hinter dem Leitblech über der Fahrgastzelle, das ursprünglich nur den Luftwiderstand reduzieren sollte, hat Guy eine kleine Kiste versteckt, vor allem, um eine Matratzenpumpe zu verstauen. »Wir verbrauchen bei maximal 80 km/h rund sieben Liter auf 100 km«, weiß Elyane, »Und bergab nehme ich das Gas weg«, sagt Guy. »Sonst kracht er auseinander!« Was die Anhängerkupplung betrifft: »Sie wird nur verwendet, um die Treppe zu halten, weil wir nie etwas ziehen … außer um Freunden zu helfen. Deshalb haben wir immer eine Abschleppstange im Auto.« Hie und da im ganzen Auto, im Kofferraum, unter dem Bett oder dem Fahrersitz sind dank versteckten Klappen Werkzeuge und gängige Ersatzteile für den Notfall verstaut. Expeditionen über mehrere tausend Kilometer mit einem 2 CV Baujahr 1973 zu unternehmen, erfordert Vorausschau und Erfahrung. Bei dieser unglaublichen Ente muss jedoch nicht alles praktisch sein, insbesondere der auf das Dach montierte kleine 2 CV Khaki, der stolz die Standarte der Normandie trägt: »Er war nur, um schick zu sein«, kichern unsere beiden Abenteurer im Duett. »Seit wir ihn haben, sind wir bestimmt 135.000 km gefahren«, sagt Elyane. »Und das ganz ohne Alltagsfahrten. Wir verwenden ihn nur für Ausfahrten im Club oder bei nationalen und internationalen Treffen.« Elyane und Guy waren bereits bei fünfunddreißig 2-CV-Treffen. Seit ihrem Debüt 1993 ist kein Jahr vergangen, ohne dass sie mit der Fourgonnette zu einem Meeting fuhren. »Diese Treffen sind unser Urlaub«, freuen sie sich. »Wir sind normalerweise einen Monat weg, weil wir uns Zeit lassen. Der 2 CV ist unser Hobby. Wir haben einige Reisen mit unserem alten Bedford-Wohnmobil Baujahr 1980 unternommen, aber am Ende wäre ich lieber mit unserem 2 CV Fourgonnette gefahren«, sagt Elyane. Und um es schwarz auf weiß zu bestätigen, verkündet ein Aufkleber an den hinteren Türen: »Das ist kein Auto … es ist ein Lebensgefühl.«

DEUCHE
DEUCHE
DEUCHE
163 MX 61
CECI N'EST PAS UNE VOITURE.
....C'EST UN ART DE VIVRE.
CLASSIC
DÉSOLÉ
PYLA MEHARI
CLUB 2CV PROVENCE
DEUCHE
20th INTERNATIONAL MEETING OF 2CV FRIENDS. 31.7.-4.8.2013 ALCAÑIZ SPAIN
F
11 th INTERNATIONAL MEETING OF 2 CV FRIENDS
JULY 25.-30. 1995 SLOVENIJA
CITROËN
CLUB DES AMIS DE LA 2 CV
STRINTZIS LINES
NORMANDIE
SLOVENIE
PENTECOTE 96
24-27 MAI 1996 CUDREFIN - SUISSE
10 ANS 2cv club ROMONT
20 ANS 2cv club LUSSERY
vous n'imaginez pas tout ce que
CITROËN pourrait faire pour nous.
LYON 2cv club
ALSACE

Aufkleber sind ebenso Andenken wie nette Botschaften. »Komm, komm schon, Ente, lass uns einen Ausflug machen, um Spaß zu haben!«

Guy ist eng mit dem berühmten 2 CV Méhari Club Cassis befreundet, der aber 1100 km von seiner Heimat entfernt ist.

Die Schildkröte und der 2 CV haben nur ihre Optik gemeinsam. Der Rhythmus, den die Ente anschlägt, ist ein anderer.

Stolz auf ihre Treue zu den 2-CV-Treffen: Elyane und Guy eine Liste ihrer Reisen am Heckfenster angebracht. Nicht schlecht, oder?

25ème Rencontre Nationale des 2 CV Clubs de France
du 9 au 13 mai 2018 à La Vèze-Fontain (25) – Doubs
APPELLATION D'ORIGINE
Biscuiterie de l'Abbaye en Normandie
12th INTERNATIONAL MEETING OF 2CV FRIENDS 30.7-3.8 1997 NETHERLANDS
CAVE DE FRONTON
BISCUITERIE DE L'ABBAYE
MONT ST MICHEL
CLERMONT FERRAND
GAZOLINE
DEUCHE
LE PAYSAN NORMAND
CAMEMBERT DE NORMANDIE
Vallée

Gaël Q.

1985 | **Dolly**

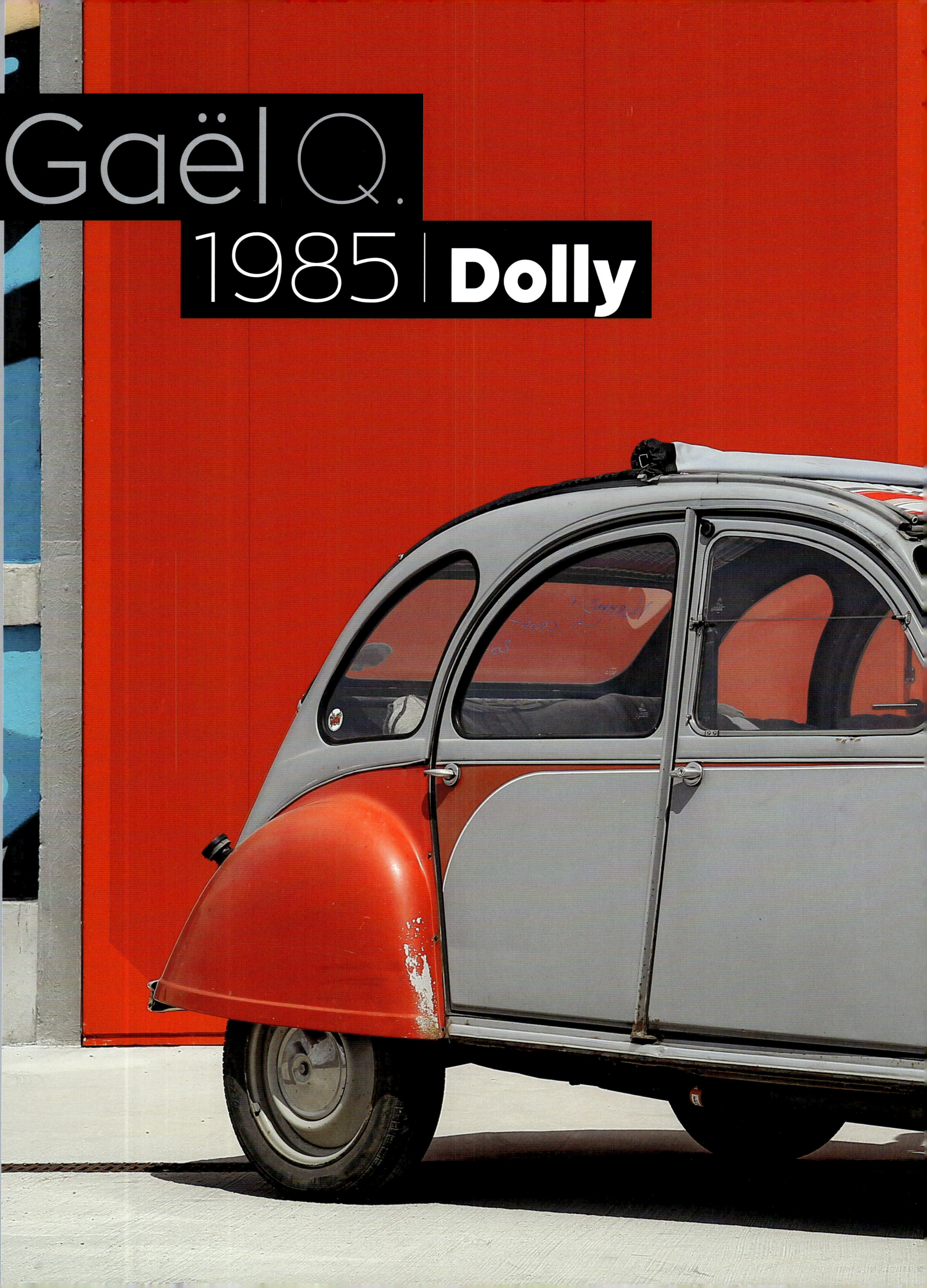

DOLLY
BZ-704-AV

DOLLY
F
BZ-704-AV
14

Dolly passiert die Überreste der Société métallurgique de Normandie (SMN): ein symbolischer Ort für Gaël, den Kesselbau-Ausbilder im UIMM-Schulungszentrum.

Gaël, von Beruf Kesselschmied und Ausbilder, zeigt seit seiner frühesten Kindheit eine Passion für den 2 CV. Eine Leidenschaft, die er gerne teilt, sowohl mit seinen Freunden, die seine Talente mit ihm teilen, als auch mit seiner Frau und seinen drei Töchtern.

Mit dem 2 CV zerbrichst du dir nicht den Kopf und siehst alles locker.

Gaël Q.

»Von meinem Zimmerfenster in dem Haus, wo ich als kleiner Junge wohnte, konnte ich die Dyane meiner Eltern auf dem Parkplatz sehen – neben dem 2 CV 4 meiner Großmutter Odette. Beide waren bambusgrün lackiert. Ich liebte es, mit meiner Großmutter im 2 CV zu ihrem Landhaus zu fahren.« Gaël hat eine besondere Vorliebe für den 2 CV, den er für ein besonderes Fahrzeug hält: »Es ist kein Auto, es ist eine Ente. Das ist was anderes. Es besteht immer eine große persönliche Beziehung zu einem 2 CV.« Eine emotionale Bindung, die meistens in der frühen Kindheit beginnt: »Ich erinnere mich, dass wir in Ouistreham am Ärmelkanal angeln waren. Wir machten Urlaub im Cotentin, in der Nähe von Port-Bail. Wir haben das Zelt aufgebaut, alles sehr einfach, aber super. Ich habe einen Bruder und eine Schwester. Wenn wir lange unterwegs waren, nahmen wir die beiden Citroëns mit, aber für die Picknicks am Wochenende saßen wir drei mit unserer Großmutter hinten und wir fuhren alle mit ihrer Ente.« Von diesem gemütlichen Ambiente geprägt, übernahm Gaël, der mit dem Sound des Citroën-Zweizylinders aufgewachsen ist, nach dem Tod seiner Großmutter ihren grünen 2 CV. »Mit 16 hatte ich schon meinen 2 CV, durfte ihn aber noch nicht fahren.« Gaël machte eine Ausbildung zum Techniker im Kessel- und Industrierohrbau. »Im ersten Jahr bin ich mit meinem Moped Peugeot 103 zur Schule gefahren. Aber ich habe oft nach meinem 2 CVgeschaut, ihn laufen lassen und für den zukünftigen TÜV vorbereitet.« In der Zeitung *Ouest France* entdeckte Gaël Anzeigen für 2-CV-Rennen mit Rohrstoßfängern. »Ich fand die toll, also fragte ich zusammen mit einem Freund, der auch einen 2 CV besaß, unseren Lehrer, ob wir daraus ein Schulprojekt machen könnten. So habe ich angefangen, Teile für den 2 CV herzustellen.« Die Ausbildung wurde mit dem Fachhochschulabschluss als Kupferschmied in Cherbourg fortgesetzt. »Ich pendelte in meinem 2 CV. Aber wenn das Wetter schön war und ich am Wochenende mit meinen Freunden dortblieb, kurvten wir in den Dünen von Biville am Meer herum. Wir öffneten das Dach und fühlten uns wie im Urlaub. Mit dem 2 CV zerbrichst du dir nicht den Kopf und siehst alles locker.« Dank der Passion für seinen 2 CV, aber auch für seinen Beruf, entwickelte Gaël seine beruflichen Fähigkeiten, bis er 1998 beschloss, Kesselbau-Ausbilder im CFAI zu Caen (Centre de Formation d'Apprentis de l'Industrie; Schulungszentrum für Auszubildende in der Industrie) zu werden, das heute Pôle Formation UIMM Grand-Ouest Normandie (Union des industries et des métiers de la métallurgie) [Ausbildungszentrum des UIMM (Verband der Industrie und des Handwerks der Metallurgie)] heißt. »Es erlaubt mir, alles zu tun, was ich liebe, von der Theorie und Fertigung bis hin zur Planung und Vorbereitung.« Die Jahre vergingen und der grüne 2 CV alterte immer mehr: »Mit den Freunden des Enten-Clubs Caen haben wir sogenannte Matschrennen veranstaltet, kurvten durch den Wald, über Wege und folgten Fahrspuren. Das hat ihn schnell altern lassen ...« Der Dolly kam 2003 zur rechten Zeit: »Ich habe ihn zufällig gefunden, als ich mein Urteil über ein Auto fällen sollte, das mein Onkel für seinen Sohn kaufen wollte. Es gab viel auszubessern, angefangen beim Chassis, das getauscht werden musste. Nur die Karosserie war tipptopp. Also weigerte sich mein Onkel, es zu kaufen, aber sein Kumpel, der es los werden wollte, sagte: »Mach mir ein Angebot und er gehört dir.« Gaël gab den grünen 2 CV seiner Oma ab und nahm die Überholung seines neuen 2 CV in Angriff, ein grau-roter Dolly Baujahr 1985.

Sanez
x
Soone
Aéro
ENTREE
ENTRÉE

> Ich möchte die Ursprünglichkeit erhalten, damit er seine Seele, seine Geschichte behält.

1985 | DOLLY

2 CV 6 Special • 602 cm^3 • 29 PS

Der Dolly ist eines von vielen 2-CV-Sondermodellen. Wie schon beim Charleston wollte Citroën mit diesem Modell den rückläufigen Absatz der Ente ankurbeln. Die Firma wandte sich erneut an den Designer Serge Gevin, der einen neuen zweifarbigen 2 CV auf Basis des 2 CV 6 Special zum Leben erweckte. Diese Version wurde um einige Ausstattungsmerkmale ergänzt, der Dolly bekam insbesondere ein nach innen öffnendes Verdeck, die Radkappen der Dyane 6, die separaten Stoffsitze des Charleston, zwei Sonnenblenden und eine Innenbeleuchtung auf der Fahrerseite. Er wurde in drei Serien produziert, die erste im März 1985, die zweite im Oktober desselben Jahres und die dritte im März 1986. Rund 6.000 Exemplare in sieben verschiedenen Farben wurden gebaut. Der von Gaël gehört zur ersten Serie, in der das Kormorangrau dominierte, das zusammen mit Rialto-Gelb, Meije-Weiß oder Vallelunga-Rot kombiniert war. Für Gaël war es gleich nach dem Kauf an der Zeit, das Chassis zu ersetzen, eine Aufgabe, die er noch nie bei einem 2 CV erledigen konnte. »Es schien nicht allzu kompliziert zu sein, es waren nur ein Dutzend Schrauben zu entfernen ...« Zuversichtlich macht sich Gaël mit seinem Vater und dem Rat von Clubmitgliedern ans Werk. »Damals wusste ich noch nicht viel darüber, deshalb hat es ein paar Wochen gedauert, das Chassis auszutauschen, aber jetzt brauchen wir kaum noch zwei, drei Tage. Das erlaubte mir, mich zu üben.« Und hier begann das Leben mit Miss Dolly. »Charlotte, meine Jüngste, hat die Entbindungsstation im Dolly verlassen«, betont Gaël. Dolly ist auf allen Ausflügen dabei, nimmt an allen Enten-Treffen teil, immer mit der Familie, mit Mutter Patricia und den drei Töchtern: Camille, Chloé und Charlotte. »Lange Zeit war es erlaubt, zu fünft im 2 CV zu sitzen, mit drei Kindern auf der Rücksitzbank. Dann, mit der Einführung der hinteren Sicherheitsgurte, wurde das gesetzlich verboten.« Trotzdem erinnert sich Gaël gern an die Zeiten, die er dank des 2 CV mit seinen Töchtern verbracht hat: »Als sie klein waren, habe ich das Verdeck geöffnet, sie sind auf die Sitze geklettert und wir fuhren so auf dem Gelände der 2-CV-Treffen spazieren. Ich habe ihnen auch am Steuer des Dolly das Autofahren beigebracht, im Wald oder bei Meetings, wenn das möglich war. Das sind super Erinnerungen für sie. Da war dieser Geist der Freiheit, den wir heute nicht mehr so erleben können.« 2019 nimmt Gaël seine Töchter mit auf eine große Rundreise bis nach Kroatien, wo das große internationale 2-CV-Treffen stattfand. »Meine Frau bekam nicht frei, aber sie schlug mir trotzdem vor, ich solle mit meinen Töchtern fahren und es genießen. Camille, der bereits das begleitete Fahren erlaubt war, saß deshalb quer durch Europa am Steuer. Der Vorteil ist, dass dich der 2 CV das Antizipieren lehrt, die Straße und den Verkehr besser zu verstehen. Und auch der Mechanik zuzuhören. Du kannst nicht warten, bis ein Warnlicht aufleuchtet, um zu reagieren, es gibt kein Licht. Du lebst mit dem Auto. Du musst es verstehen.« Für diese Reise, bei der große Hitze vorhergesagt war, hatte Gaël die Kotflügel durchbohrt, um die Kühlung zu verbessern, wobei darauf geachtet wurde, sie möglichst zu schonen. »Ich achte darauf, dass alles gut in Schuss bleibt, gesund bleibt, aber ich möchte kein Museumsstück. Ich möchte die Ursprünglichkeit erhalten, damit er seine Seele, seine Geschichte behält. Sonst wäre er nur irgendeine Karre. Wenn ich Kratzer am Kotflügel sehe, denke ich an meine Töchter, die das mit dem Fahrrad gemacht haben. Mein Dolly ist ein Teil der Familie.«

DOLLY

1970 kam beim 2 CV diese ursprünglich von Seima hergestellte quadratische Rücklichteinheit auf, die bis Ende 1990 verbaut wurde.

Der Behälter für die Scheibenwischflüssigkeit ist an der Schürze hinter dem Motor befestigt.

François G.

1961 | Sahara

44 BCZ 92

Der 2 CV Sahara hat einen Frontmotor und einen anderen, identischen, im Kofferraum. Sie können einzeln oder zusammen laufen und diesen 2 CV in einen Allradwagen verwandeln.

Mit seinem Allradantrieb, zwei Motoren und nur 693 produzierten Exemplaren, von denen noch 50 zugelassen sind, ist der Sahara eine echte Rarität. Der teuerste 2 CV der Welt ist auch und vor allem eine unglaublich begeisternde Maschine, wie François, sein glücklicher Besitzer, bezeugt.

> In Paris bin ich, den Ellenbogen aus dem Fenster gelehnt, zur Arbeit gefahren. Das war toll.

François G.

»Weihnachten 1961, ich war zehn Jahre alt. Meine Eltern schenkten mir einige Spielzeugautos von Micro Norev, darunter ein Renault 4 CV, ein Renault Floride, ein Peugeot 404 mit kleinem Anhänger, ein Simca Ariane und ein Citroën 2 CV«, erinnert sich François. »Der 2 CV war bei Weitem mein Favorit. Ich fuhr überall mit ihm herum und ließ ihn alle anderen überholen. Ich habe meinen Eltern gesagt: „Wenn ich groß bin, kaufe ich mir einen 2 CV."« Ein Zukunftstraum, der nicht so einfach wahr wurde. »Ich habe Eliane 1972 geheiratet. Mit ihrer Zustimmung suchte ich nach einem 2 CV, den ich kaufen konnte. Leider war es damals nicht einfach, einen gebrauchten 2 CV zu ergattern. Dann haben wir uns mit einer weißen Dyane 6 Baujahr 1969 abgefunden.« Mit dieser Dyane, die sie bis 1978 behielten und über 200.000 km zurücklegen sollten, unternahm das Ehepaar ausgedehnte Reisen, vor allem nach Spanien, zusammen mit ihrer 1973 geborenen Tochter Nadège. 1988 kam endlich der lang ersehnte Moment: »Ich habe meiner Frau zum Geburtstag einen roten 2 CV Charleston Baujahr 1986 gekauft. Aber sie ist nicht oft damit gefahren, weil ich ihn mir sofort gekrallt habe«, lacht François. »Ich war euphorisch. Ich hatte das Gefühl, in die Kindheit zurückzufallen. In Paris bin ich, den Ellenbogen aus dem Fenster gelehnt, zur Arbeit gefahren. Das war toll. Und bei schönem Wetter habe ich das Verdeck geöffnet.« François war wie im Himmel, aber Eliane hatte noch nicht ihr letztes Wort gesprochen. Heimlich bat sie einen befreundeten Mechaniker, dessen Werkstatt in der Nähe ihres Landhauses in der Mayenne lag, für sie einen anderen 2 CV zu besorgen. »1994 kaufte Eliane einen grauen 2 CV Charleston mit Erstzulassung im August 1990, kurz nachdem die Produktion des 2 CV am 27. Juli 1990 endgültig eingestellt wurde, mit dem letzten produzierten Exemplar, einem grauen Charleston. Er war eine der letzten gebauten Enten. Eliane meldete das Auto auf meinen Namen an und gab es mir mit der Ansage, dass es ihr Auto sein würde. Sie hatte ihre Rache«, sagt François amüsiert. So startete die Sammlung von François und Eliane. Zwischen 1988 und 2008 erwarb das Paar vierzehn Enten: zwei Charleston, einen Sahara Baujahr 1961, einen 2 CV Orange Ténéré (1976), einen AZ von 1961, einen AZA ENAC von 1969, bei dem die umklappbare Rückbank es ermöglichte, das Volumen des Kofferraums zu erhöhen, ein blauer 2 CV Azurite Export Baujahr 1980, zwei AZ von 1958, ein AK400 Lieferwagen Baujahr 1975, ein AZ PO von 1956 – ein Modell für Übersee –, ein AZAM Export von 1967, eine Dyane Caban von 1977, das einzige Sondermodell der Dyane, ein beigefarbener 2 CV 6 Gazelle von 1976. Plus ein fünfzehnter 2 CV, ein 6 Special Céleste, den ihre Tochter nach ihrer Rückkehr aus La Réunion geschenkt bekam. »Seit ihrer frühesten Kindheit ist sie in die Welt des 2 CV eingetaucht, auch für sie ist es wichtig, einen 2 CV zu fahren«, betont François nicht ohne Stolz. Zumal Eliane und François nicht nur Enten sammeln, sondern auch die Gemeinschaft der Enten-Fans beleben. »1995 haben wir den 2 CV Club 92 gegründet, da wir damals in Anthony wohnten. Wir waren der Vorstand bis 2011, außer zwischen 2001 und 2003.« 2012 ging François in Rente und das Paar zog nach Indre-et-Loire. Zwei Jahre später wurde ein neuer 2-CV-Club gegründet. »Unmöglich, die Welt des 2 CV zu verlassen«, bestätigt François. »Seit über dreißig Jahren engagieren wir uns ehrenamtlich bei nationalen Treffen. Wir haben viele Ausflüge und Ausstellungen organisiert, wir haben an Sammlungen für Restos du Cœur [eine wohltätige Einrichtung] teilgenommen – mit den 2 CV des Herzens von Vincent Hardy. Heute besitzt François immer noch acht von denen, die er weiterhin »seine Spielzeuge« nennt, darunter das unglaubliche Allradmodell 2 CV Sahara.

> Im Vergleich zu einem normalen 2 CV wird er am Berg nicht langsamer.

1961 | SAHARA

Type AZ 4x4 • 2 x 425 cm³ • 2 x 13 PS

»Die Fahrprobleme, denen sich Ölsucher und Bergbauprospektoren in unwegsamem oder unebenem Gelände von Wüstenregionen ausgesetzt sehen, veranlassten Citroën, ab 1958 ein sehr leichtes Allradfahrzeug zu entwickeln: den 2 CV 4x4.« So begründete die Pressemitteilung von Citroën 1961 die Geburt des 2 CV Sahara. Der Typ AZ 4x4 bekam die Werksbezeichnung AW. Diesen 2 CV erkennt man auf den ersten Blick an seinem Reserverad auf der Fronthaube, seinen geschwungenen hinteren Kotflügeln und seiner Heckklappe, aus der ein Lüfter blickt. Er besitzt zwei 425-cm³-Motoren, einen vorne und einen hinten im Kofferraum. sowie zwei Getriebe, die über einen am Boden und nicht am Armaturenbrett angebrachten Hebel gesteuert werden, zwei Kupplungen und zwei Zündschlüssel, um jeden Motor separat zu starten. »Man kann entweder mit dem Frontmotor fahren, in diesem Fall mit Frontantrieb, oder nur mit dem Heckmotor, plötzlich mit Heckantrieb, oder, was empfehlenswert ist, mit beiden Motoren gleichzeitig. Das bedeutet, dass man einen 2 CV mit Allradantrieb fährt«, erklärt François. »Trotz seiner zweimal 13 PS ist er nicht sehr leistungsstark, aber im Vergleich zu einem normalen 2 CV wird er am Berg nicht langsamer«, erklärt er. Der 2 CV Sahara schafft eine Geschwindigkeit von 100 km/h auf der Straße und verfügt über unglaubliche Offroad-Fähigkeiten. »Der 2 CV 4x4 ist in der Lage, mit vier Personen an Bord im Sand 45-Grad-Steigungen zu bezwingen«, heißt es in der Pressemitteilung von Citroën. »Dieses Auto, ein echtes mechanisches Maultier, wurde ursprünglich für die Sahara konzipiert. Es ist überall dort gefragt, wo topografische oder klimatische Bedingungen den Einsatz konventioneller Fahrzeuge verbieten.« Die Idee zu diesem 2 CV 4x4 ist dem Luftfahrtingenieur Maurice Bonafous zu verdanken, der ein leichtes und vielseitiges Auto schaffen wollte, das seinen Willys Jeep ersetzen sollte. Er war der erste, der einen Motor in das Heck eines 2 CV einbaute, und Citroën ließ sich von seiner Arbeit inspirieren, um den später Sahara genannten Wagen zu entwickeln. Und François bestätigt: »Der, von dem ich ihn gekauft habe, besaß auch einen Jeep. „Wo der Willys steckenbleibt, zieht der Sahara vorbei", sagte er mir.« Der Prototyp wurde am 7. März 1958 im Freizeitpark Mer de Sable in Ermenonville präsentiert. Zwischen 1960 und 1967 wurden gerade mal 693 Exemplare des Sahara gebaut. »Unserer trägt die Nummer 40«, verrät François. »Die Besonderheit der ersten Sahara-Modelle ist, dass sie komplett hellgrau sind (Code AC132), abgesehen von drei Elementen: die Räder, eine Lenkradhalterung und die Sitzrahmen sind roségrau (Code AC136).« François kennt dieses besondere Modell dank langer Restaurierungsarbeiten nach dem Kauf in- und auswendig. »Wir haben ihn über eine Anzeige auf dem Stand des 2 CV Club de France auf der Oldtimerausstellung Rétromobile im Februar 1997 gefunden. Als wir ihn kauften, lief er, aber einige Originalelemente fehlten: Fronthaube, Türen und Benzintanks.« François sollte seinen Sahara bis 2014 in diesem Zustand fahren und dann seine Rente nutzen, um ihn vollständig zu restaurieren. Als Perfektionist arbeitet er mit Bruno Biette zusammen, einem Lackierer und Restaurator bei Château-Renault. Die sorgfältige Restaurierung dauerte anderthalb Jahre und kostete rund 60.000 Euro, eine dem Zeitwert entsprechende Summe: »Ein Sahara kostet über 100.000 Euro«, bestätigt François. »Es gibt sogar einen, der über 170.000 Euro kostete.« Oder: wenn der Preis eines 2 CV den eines Rolls-Royce der gleichen Epoche übersteigt …

Jeder Motor hat seinen Zündschlüssel und Anlasser: links für den Heckmotor, rechts für den Frontmotor.

Dieser beim Sahara besondere Zeiger, der an der Lenksäule angebracht ist, zeigt bei schwierigen Überquerungen die Richtung der Räder an.

Diese Lüftungsschlitze an der Hinterseite leiten die Luft zum Heckmotor und dann durch ein mit dem Luftfilter verbundenes Kanalsystem ab.

Die Verschlusskappen der beiden Benzintanks von je 15 Litern unter den Vordersitzen befinden sich in den beiden Vordertüren.

44 B

2CV4·4
N°40

Dieser Hebel, hier in der 4x4-Position, betätigt das Schaltklauensystem, um die zwei separaten Getriebe zu koppeln oder zu trennen.

Eine weitere Besonderheit ist, dass das Kupplungspedal rund und das Bremspedal rechteckig ist.

Um gegen Wüstensand oder Baustellenschmutz gerüstet zu sein, ist der Sahara mit einem Ölbadluftfilter ausgestattet.

François stattete seinen Sahara mit einem zeitgenössischen Paar zusätzlicher Fernscheinwerfer der französischen Marke Marchal aus.

44 BCZ 92

Lucie G.

1976 | SPOT

SPOT

SPOT
1976 YG 14

Als erstes Sondermodell des 2 CV kurvt der Spot durch die Straßen der Normandie, um den Hafen von Honfleur zu erreichen und dort eine zeitgenössische Werbung nachzustellen.

Die Lovestory zwischen Lucie und dem 2 CV ist eher ein menschliches als ein mechanisches Abenteuer. Es ist eine Beziehung, die in Lucies Jugend zurückgeht, denn sie gründet sich in den Erinnerungen an den Familienurlaub, die Freiheit der 18-Jährigen am Steuer ihres Spot und einem Wiedersehen mit ihrer schönen restaurierten Ente an ihrem Hochzeitstag.

> Meine Geschichte mit dem 2 CV ist nicht mechanisch, sie ist vor allem menschlich.

Lucie G.

»Meine Geschichte mit dem 2 CV ist familiär. Sie begann 1998, als meine Eltern Noëlle und Jacky im Fernsehen die Ankündigung der Organisation einer baldigen Frankreichrundfahrt im 2 CV gesehen haben, bei der jeder mitmachen konnte: die Croisière France. Sie dachten, es könnte eine schöne Abwechslung zum Strandurlaub sein. Mein Vater, der schon immer technikbegeistert war, kaufte einen 2 CV, überholte ihn und bemalte ihn mit normannischen Kühen. Und los ging's mit der vierköpfigen Familie an Bord: mit Geoffrey, meinem kleinen Bruder, auf die Straßen Frankreichs.« Lucie war 13 Jahre alt. Sie hatte keine Ahnung, wie sehr der 2 CV von nun an zu ihrem Leben gehören sollte. »Wir sind in diesem winzigen Auto gestartet, mit seinem kleinen Kofferraum, in den nichts passte, es war Steinzeit pur. Abends haben wir immer das Zelt aufgebaut. Jede Etappe war ein echtes Abenteuer. Wir wurden jedes Mal von einem anderen Entenclub begrüßt und bekamen ein Roadbook, um auf Nebenstraßen den nächsten Treffpunkt zu erreichen. Wir waren eine Gruppe von 15 bis 20 mitfahrenden 2 CV. Wir hatten fantastische Begegnungen mit Menschen, die wir noch heute kennen.« In drei Wochen spulte die kleine Familie mehr als 6.400 km ab, um Frankreich zu entdecken. »Es ist eine meiner schönsten Urlaubserinnerungen. Ich war ein Teenager, ich habe viele Dinge und Leute entdeckt, es war super.« Ganz bezaubert von diesem überwältigenden Urlaub besuchte die Familie dann mehrere nationale und internationale 2-CV-Treffen, die in Frankreich und ganz Europa stattfanden. »2001 haben wir im 2 CV auch eine Tour de Suisse unternommen und wieder neue Leute kennengelernt. Tatsächlich ist meine Geschichte mit dem 2 CV nicht mechanisch – es ist Papa, der ihn wartet –, sie ist vor allem menschlich.« Lucies 18. Geburtstag war wie so oft vom Erwerb des Führerscheins begleitet. »Meine Eltern haben mir ein Auto geschenkt: meinen 2 CV Spot! Meine Kumpel fuhren Peugeot 206, aber ich stand mit meinem 2 CV hoch im Kurs. Ich war viel langsamer, aber das war nicht schlimm.« Lucies Mutter Noëlle hatte durch Zufall in einer Zeitung diesen 2 CV Spot in einer Kleinanzeige entdeckt, ein extrem seltenes Modell aus dem Jahr 1976. »Einen 2 CV zu besitzen war schon außergewöhnlich, aber als ich entdeckte, dass es außerdem ein Spot war, war es geradezu wow! Dies ist das erste Sondermodell des 2 CV, es gab nicht viele. Das macht ihn zu einem außergewöhnlichen Auto. Es ist ein kleiner Schatz!« So kam es durchaus vor, dass Lucie auf der Windschutzscheibe, kleine Zettel fand, die unter dem Scheibenwischer steckten, mit einem Angebot, ihn zu kaufen. Ein paar Jahre später lernte Lucie ihren zukünftigen Ehemann Antoine kennen. Sofort ging es im 2 CV auf eine lange Reise zum Welttreffen nach Schottland. »Wir sind mit meinen Eltern abgereist, wir alle vier im Kuh-2-CV. Wenn ich darüber nachdenke, war es ein wenig verrückt, denn die Reise war wirklich episch, bei Regen und Kälte. Aber es bleibt eine tolle Erinnerung.« Bald darauf erbte Antoine den 2 CV 6 seiner Großmutter, den er zusammen mit seinem Stiefvater restaurierte und ihm eine prächtige, glänzend schwarze Lackierung gab. Das Paar verließ die Region Caen und zog nach Rouen. Nach vielen Jahren mit ihrem 2 CV Spot hat Lucie ihn bei den Eltern gelassen, da sie keine Möglichkeit hatte, überdacht zu parken. Die Jahre vergingen, die Familie wuchs, es war kaum Zeit für Enten. »Er wurde viel gefahren und war in keinem guten Zustand mehr. Es gab viel zu richten, aber wir hatten wenig Zeit. Ich dachte oft an ihn, wie er in der Garage stand.« Bis zu dem Tag, an dem Lucie und Antoine beschlossen, zu heiraten. Es war 2015 und die Hochzeit sollte im folgenden Jahr stattfinden. Das gab Jacky Zeit, die Ärmel hochzukrempeln. »Nach dem Kauf hatte ich ein paar Blechreparaturen gemacht, damit Lucie fahren konnte. Aber der Spot war inzwischen am Ende. Durch die Heirat hatte ich eine echte Motivation, den 2 CV meiner Tochter endlich komplett und nach allen Regeln der Kunst zu restaurieren.«

L'ALBATROS
HORAIRE.FR
SPOT

Au Marin Normand
GALERIE
OBENICHE

> Wir müssen unbedingt mit den Mädchen im 2 CV in den Urlaub ...

1976 | SPOT

2 CV 4 • 435 cm^3 • 24 PS

Am 10. April 1976 stellte Citroën mit großem Tamtam einen neuen 2 CV vor. Er war eine Woche lang unter einer orange-weißen Plane in den Showrooms der Vertragshändler versteckt worden, um die Neugier zu wecken. Damals stagnierte der Absatz des 2 CV. Um ihn zu steigern, beauftragte Citroën 1974 den Designer Serge Gevin mit dem Projekt eines Sondermodells, das in limitierter Stückzahl produziert wurde, ein Konzept, das in Frankreich damals noch unbekannt war. Und so entstand der 2 CV Spot, der eigentlich Transat heißen sollte, doch der Name war in Frankreich bereits geschützt. Inspiriert von der sommerlichen Stimmung an der normannischen Küste wurde der 2 CV Spot für Werbeaufnahmen im Hafen von Honfleur fotografiert. Das Interesse war so groß, dass die 1.800 produzierten Exemplare innerhalb einer Woche verkauft wurden. Und das, obwohl der 2 CV Spot auf Basis des 2 CV 4 mit dem 425 cm^3 großen Zweizylinder-Boxermotor entwickelt wurde, nicht auf der Plattform des 1970 eingeführten 2 CV 6 mit 602 cm^3. Mit seiner orange-weißen Lackierung, der korrespondierenden Innenverkleidung der Türen, seinen orangefarbenen Sitzen und seinem einzigartigen Sonnensegel unter dem Verdeck, dem einzigen Accessoire, das der originale 2 CV 4 nicht besaß, war der Spot ein Knüller. Er bot ein Feeling von Urlaub und Ungezwungenheit. Mit dem Spot übertraf der 2 CV die Marke von fünf Millionen Exemplaren. Jacky, der davon träumte, seiner Tochter den 2 CV Spot, den sie zum 18. Geburtstag bekommen hatte, an ihrem Hochzeitstag rundum erneuert zu schenken, lief die Zeit davon: »Die Restaurierung hat ein Jahr gedauert«, erklärt er. Da Lucie am Wochenende oft da war, musste ich alles verstecken, damit es eine Überraschung blieb. Also haben wir den 2 CV in die Scheune des Nachbarn geschoben, damit sie ihn nicht sieht.« Mit Hilfe von Freunden machte ihn Jacky wie neu. »Er war technisch okay, brauchte nur eine gute Wartung, aber was das Chassis betrifft, haben wir alles auf die Basis des Original-Chassis zurückversetzt.« Mit der Vorbereitung ihrer Hochzeit beschäftigt, ahnt Lucie nichts. »Da der Spot in keinem guten Zustand war, haben wir uns für Antoines schwarzen 2 CV als Brautauto entschieden. Beim Begrüßungssekt sah ich meinen niegelnagelneuen 2 CV Spot einfahren. Ich hatte den Eindruck, er funkelte richtig. Am Steuer mein Vater, begleitet von drei Freunden aus dem 2-CV-Club, die ihm geholfen hatten, Michel, Gaël und Bruno. Als ich ihn sah, brach ich in Tränen aus. Ich konnte es nicht glauben. Es war eine Riesenüberraschung und viele Emotionen.« Seitdem fährt Lucie den 2 CV, wann immer sie kann, parkt ihn jedoch bei ihren Eltern. »Jetzt, wo meine Töchter Olivia und Célestine aufwachsen, träume ich davon, sie zu 2-CV-Treffen mitzunehmen. Ich kann es kaum erwarten, ihnen diesen Urlaub zu zeigen, diese Partyatmosphäre, entspannt, cool. Dass man nur wenig mitnehmen kann, heißt, sich aufs Wesentliche zu konzentrieren: einer der Werte, die ich ihnen vermitteln will. Wir müssen unbedingt mit den Mädchen im 2 CV in den Urlaub ...« Und der Kreis schließt sich!

1976 YG 14

Das Bakelit-Lenkrad von Quillery kam im März 1963 heraus. Es ist abwechselnd rosagrau, schwarz, dunkelblau und braun.

Die schönen Sitzbezüge von Lucies 2 CV Spot sind aus orangefarbenem, braun gestreiftem Jersey, nicht einfarbig orange wie im Original.

Die Türverkleidung ist original, mit weißen Streifen auf orangefarbenem Grund.

Die Felgen sind in Meije-Weiß lackiert und die verchromten Radkappen mit ihrem kleinen Rand sind auch bei Dyane und Ami 8 verbaut.

1976 YG 14

Jérémie M.

1974 | Rust'in

2CV CLASSIC
H 72
Sabelt

LE MANS 2CV CLASSIC
Sabelt
172
9673 QH 72
Sabelt
Menguy J.

Jérémie und *Rust'in*, sein Renn-2-CV, beim Training in der Porsche-Kurve des legendären Kurses der 24 Stunden von Le Mans.

Man kann Rennautos lieben und trotzdem seit frühester Kindheit eine Passion für den 2 CV haben. Jérémie, in der Nähe der Rennstrecke der 24 Stunden von Le Mans aufgewachsen, beweist dies, indem er am Steuer seines Rust'in, *einem 2 CV 4 Baujahr 1974, den er mit 16 bekommen hatte, an Langstreckenrennen teilnimmt.*

“

Dank *Rust'in* kann ich meine Leidenschaften vereinen: 2 CV und Autorennsport.

”

Jérémie M.

Jérémie ist Rennfahrer … auf 2 CV! Er ist kein Profi, denn unser Mann, der in der Nähe des Kurses der 24 Stunden von Le Mans aufgewachsen ist, arbeitet als Rettungssanitäter. Aber Jérémie verbucht trotzdem mehrere Teilnahmen an den 24-Stunden-Rennen mit dem 2 CV auf dem legendären Rundkurs von Spa-Francorchamps in Belgien. »Soweit ich mich erinnern kann, habe ich Autos schon immer geliebt. Aber ich fühlte mich in meiner Leidenschaft unverstanden, weil niemand in der Familie sie teilte. Sie waren eher naturverbunden als technikbegeistert. In der Nacht der 24 Stunden von Le Mans habe ich bei offenem Fenster geschlafen, um die Rennwagen zu hören. Als ich zehn war, habe ich aus in den jährlichen Gelben Seiten die Adressen der Autofriedhöfe herausgerissen und bin mit dem Fahrrad zu denen in der Nähe gedüst. Bis zu dem Tag, an dem ich einen 2 CV mit noch heißem Motor bemerkt habe. Ich fand es abnormal, dass dieser 2 CV verschrottet werden sollte.« Daheim bat Jérémie seine Eltern, ihn zu kaufen, aber mit seinen zehn Jahren wurde er nicht ernst genommen. »Ein Jahr lang habe ich sie ununterbrochen bekniet, einen 2 CV zu kaufen.« Bis heute kann sich Jérémie diese bedingungslose Liebe zum 2 CV kaum erklären, wo er doch Rennwagen-Fan ist. »Ich glaube, es war sein lustiges Aussehen, das mich anzieht. Er ist so ein untypisches Auto.« Jérémie schaffte es, 500 Franc zu sparen, um zu seinem Geburtstag einen 2 CV zu kaufen. »Am Ende fand ich einen in der örtlichen Kleinanzeigenzeitung. Es war ein beiger 2 CV 6 Baujahr 1975, bei dem die Lenkradverriegelung defekt und das Chassis verbeult waren. Leider habe ich ihn nicht mehr zum Laufen gebracht, er diente mir hauptsächlich als Versteck. Gleich nach der Schule habe ich mich immer reingesetzt.« Jérémie blieb hier nicht stehen. Er entdeckte auf seinem Fahrrad einige Enten abgestellt in Scheunen, 2 CV, die ihm die Leute damals schenkten, um sie loszuwerden. »Als ich 16 war, standen auf dem Grundstück meiner Eltern über fünfzehn vergammelte 2 CV. Damals fing ich an, alle gekauften 2 CV zu notieren und aufzulisten: Schließlich hatte ich mehr als 50! Von 1950er- bis zu 1985er-Modellen, dazu noch Lieferwagen: Ich hatte fast alle.« Einige wurden auf unvergesslichen Afrikareisen eingesetzt, allein oder mit Freunden. Doch einer sticht heraus: Es ist ein 2 CV 4 Baujahr 1974, ursprünglich in Lagunen-Blau, der heute den Namen *Rust'in* trägt.« Ich habe ihn mit 16 auf einem Autofriedhof gefunden. Er war super in Schuss, aber die Beschäftigten durften ihn nicht in einem Stück verkaufen. Ich musste ihn stückweise kaufen. Das war der erste 2 CV, den ich wirklich retten konnte.« Jérémie machte seinen Meister als Kfz-Mechaniker mit einer Zusatzqualifikation im Bereich Ausstattung und Renovierung von Fahrzeugen und nutzte das von ihm aufgebaute Ersatzteillager, um seinen 2 CV zu restaurieren: »Er war bereit für meinen 18. Geburtstag. Ich hatte ihn im Dolly-Stil in Grün-Weiß neu lackiert.« In den folgenden Jahren fuhr Jérémie sein Meisterstück und schenkte *Rust'in* dann seiner damaligen Freundin. »Wir haben uns getrennt, aber sie hat den 2 CV behalten. Es war nicht so schlimm, denn ich hatte ja andere.« Es folgten zwei Reisen nach Afrika und er lernte seine spätere Frau Juliette kennen, die gerade zu ihrem 18. Geburtstag einen prachtvollen 2 CV 6 aus ihrem Geburtsjahr 1985 geschenkt bekommen hatte. Zurück von seiner Reise und völlig blank bekam Jérémie von seinem Freund Romain einen 2 CV geliehen. »Jeden Tag kam ich an einem Autohaus vorbei, wo ein 2 CV zum Verkauf stand. Als ich genug Geld hatte, ging ich hin und erkannte sofort *Rust'in*, der inzwischen neu lackiert worden war. Ich habe ihn ohne zu verhandeln gekauft!« *Rust'in* und Jérémie waren wieder vereint. »Ich bin ihn jahrelang täglich gefahren, aber sein Zustand begann sich zu verschlechtern. Bis ich eines Tages eine Anzeige für ein 2-CV-Rennen namens Le Retour des Classiques à Spa fand. Es machte Klick! Ich entschied, *Rust'in* zu nutzen, um meine beiden Leidenschaften zu vereinen: 2 CV und Autorennsport.«

J. MENGUY
Sabelt

172
Brisset G.
Guerard R.
Cambouis A.
Menguy J.
AUTOVISION
SAVIGNE L'EVEQUE
172
Gawel Equipement

E MANS 2CV CLASSIC
Sabelt
112
9673 QH 72
Sabelt
Sabelt

“

Wenn man die Steigungen in Spa nehmen muss, gibt es große Gefühle.

”

1974 | RUST'IN

2 CV 4 • 602 cm^3 • 32 PS

» Ich hatte *Rust'in* ein Jahr lang nicht bewegt«, sagt Jérémie, »als ich auf die Idee kam, an 2-CV-Rennen teilzunehmen. Schnell scharte sich eine Gruppe von Kumpels um das Projekt. Das war 2008, aber das Abenteuer begann erst 2009.« Wir haben mit der Gründung des Vereins Le Mans 2 CV Classic begonnen. Dann gingen wir *Rust'ins* Umbau an. Mein Freund Gawel hat das Chassis restauriert und verstärkt und einen Überrollbügel entworfen. Wir haben Rennschalensitze mit Vierpunktgurten eingebaut. Der Kraftstofftank musste geschäumt werden, das bedeutet, eine Art Schwamm wurde eingeführt, der verhindern soll, dass bei einem Überschlag Benzin ausläuft. Das Auto wurde mit einem automatischen Feuerlöscher und einem Trennschalter ausgestattet. An den Fenstern waren berstsichere Folien angebracht, aber inzwischen habe ich Makrolon-Polymerfenster eingebaut. Das Verdeck wurde durch ein Aludach ersetzt. *Rust'in* wurde tiefer gelegt und bekam harte Stoßdämpfer und wurde mit einer Stabilisierstange des Ami 8 ausgestattet, um Neigbewegungen zu begrenzen. Seit diesem ersten Umbau wurden weitere Verbesserungen vorgenommen, heute liegt er wie angenietet auf der Straße. Die Lenksäule musste an ihrer Basis mit einem Kardanring versehen werden, damit sie sich bei einem Frontalaufprall zurückzog. Die Bremsen blieben original, natürlich aber mit den vorderen Scheiben der neuesten Generationen. Die Räder haben die Originalgröße 135/15. Ein einziger Satz Reifen reicht für 24 Stunden.« Motorseitig lässt die Classic-Kategorie kein großes Tuning zu: »Es ist ein originaler Dyane-Motor mit 602 cm^3 und 32 PS. Die einzigen erlaubten Umrüstungen sind der Einbau einer elektronischen Zündung und die Modifikation der Düsen des Doppelrohrvergasers.« Im Oktober 2011 war *Rust'in* bereit für sein erstes 24-Stunden-Rennen in Spa-Francorchamps. Für dieses Ausdauerrennen besteht das Team aus vier Fahrern: Gawel, Martin, Jérémie und Schwiegervater François, ein ehemaliger Kartfahrer. Neben den Piloten waren fünfzehn Leute da, die sich um den mechanischen Teil, das Betanken und die Wartung kümmerten. In diesem Jahr belegte *Rust'in* den fünften Platz in seiner Kategorie und den 23. Gesamtrang in einem Feld von 55 Fahrzeugen, inklusive 2-CV-Prototypen, die 190 km/h Spitze fuhren, während *Rust'in* in der Classic-Kategorie nur eine Spitzengeschwindigkeit von 130 km/h erreichte. »Das scheint langsam zu sein, aber wenn man die Steigungen in Spa nehmen muss, gibt es große Gefühle. 2011 sind wir 277 Runden oder 1.940 km mit einer Durchschnittsgeschwindigkeit von 90,3 km/h gefahren.« Jérémie und seine Freunde waren 2013, 2014 und 2015 wieder dabei. »Aber unsere erste Teilnahme war die beste der vier«, gibt Jérémie zu. »Dann hatten wir viel Mühe, einschließlich eines großen Unfalls 2015, gerade als wir an der Spitze unserer Kategorie lagen. Der 2 CV wurde völlig zerstört, wir hatten ihn gerade komplett überholt.« Ein Rückschlag für Jérémie, der am Boden zerstört war. Er hatte sogar vor, *Rust'in* zu verkaufen. »Juliette, meine Frau, hat das abgelehnt. Dann waren die Freunde an der Reihe. Sie haben mir nicht wirklich eine Wahl gelassen. Eine unglaubliche Solidaritätswelle begleitete den Wiederaufbau von *Rust'in*.« 2018 erwachte er wieder zum Leben und Jérémie nahm mit seinen Freunden an einigen Gleichmäßigkeits-Rennen teil. Vor Kurzem erhielt *Rust'in* einen neuen, stärkeren Motor und einige Verfeinerungen in Vorbereitung auf ein 24-Stunden-Rennen auf dem Kurs von Snetterton in England. „Mit OgustO, meinem Freund aus Kindheitstagen, habe ich mich dieser Herausforderung gestellt. Wir wollten so unseren 40. Geburtstag feiern. »Oder *Rust'in 4, die Rückkehr der Rache!*«

LE MANS 2CV CLASSIC
Sabelt
Sabelt

Weg mit dem großen Citroën-Lenkrad! *Rust'in* ist mit einem Dreispeichen-Sportlenkrad ausgestattet, das einen Nubuk-Überzug hat.

Renninstrumentierung mit großem Drehzahlmesser, der mit einem Warnlicht versehen ist, um zu hohe Drehzahlen zu vermeiden.

Den Edelstahlauspuff umgibt ein Metallgeflecht, das Vibrationen absorbieren und somit Brüche verhindern soll.

Der Tankdeckel hat einen Schnelleinfüllstutzen. Der Stöpsel ist ein sympathisches Augenzwinkern für einen Konkurrenten.

MICHELIN
MICHELIN
RUST'IN
GB
9673

Equipements
D'SORTIE
GRANGE

OgustO C.
1954 | Augustine
BP
BP
TAMOIL
CHAMPION
Ducellier
EYQUEM
antar
ANTAR

EN VENTE ICI
EQUIPEMENTS ELECTRIQUES
RGOVIA
OLAROIL
LE FLUISTABILISÉE
CARBURANT AUTOLUBRIFIANT
SOLEXINE
POUR VELOSOLEX ET MOTEURS 2 TEMPS
A BASE D'HUILE
ENERGOL
Polaroil
BOSCH
MARCHAL
CITROËN
AGENCE
SEV MARCHAL
MONET & GOYON
MOTOR OIL
TEXACO
POUR TOUS LES ALLUMEURS,
LA MEILLEURE SOLUTION :
JEUX DE CONTACTS SEV MARCHAL
Volkswagen
CHELIN
pneu sûr et qui dure
temps
RUSTINES
BP ZOOM
2 TEMPS
TYPE HV
ENERGOL
BP
689KL24

POLAROIL
HUILE
BP
GERGOVIA
POLAROIL
KERVO
24h

Das Typenschild des 2 CV von OgustO bezeugt seinen Stammbaum, den einer Type A.

Auf der Bühne nennt er sich OgustO, mit zwei großen O, wie die Räder eines Autos. Als Kind einer Citroën-Familie verliebte sich Romain schon früh in den 2 CV. Der Vollblutmusiker und stolze Besitzer einer Type A Baujahr 1954 besingt mit seiner Gruppe Sortie d'Grange *seine große Liebe zu den Enten.*

> Es ist eine hübsche Kutsche, eine verflixt seltsame Maschine. Auch wenn sie nicht sehr wild ist, scheint sie den Mädchen zu gefallen.

Ogusto C.

Seine Gitarre hat OgustO selbst gebaut, sie ähnelt dem Armaturenbrett seiner Type A. In das Logo seiner Band ist das Diagramm seines Getriebes eingearbeitet. Die Gruppe heißt Sortie d'Grange und hat sich auf Auto-Lieder basierend auf der Ente spezialisiert. Sie beleben die Enten-Treffen und bringen die Freunde zum Lachen. Am Anfang dieser sympathischen Spaßmacher-Band steht Romain, besser bekannt unter dem Künstlernamen OgustO, Cambouis. »OgustO, mit einem Großbuchstaben am Anfang und einem anderen am Ende, denn wenn man das Wort umdreht, hat es Räder wie ein Auto«, lacht OgustO. Der gelernte Elektriker und heutige Berufsmusiker Romain hat es geschafft, seine beiden großen Lieben, Musik und den 2 CV, zu verbinden. Er begann mit acht Jahren am Schlagzeug, doch seine Vorliebe für Enten fing noch früher an. »Ich wurde in eine Familie von Citroën-Fans geboren, wir fuhren einen Ami 6 und einen GS, mein Großvater hatte einen 2 CV. Mein Vater war gelernter Mechaniker und auch Fahrlehrer, um über die Runden zu kommen. Er war es, der meinen Großvater dazu bewegte, kurz vor der Rente endlich seinen Führerschein zu machen, damit er und meine Großmutter selbstständiger wären, und brachte ihn dazu, einen 2 CV zu kaufen. Wir lebten in Le Mans, aber meine Familie stammte aus der Normandie, also verbrachten wir dort unseren Urlaub. Meine Großeltern brachten mich im 2 CV heim, ich lag auf dem Rücksitz. Ich liebte es! Aber ich habe nicht verstanden, dass der Ami 6 meiner Mutter, den meine Eltern wegen den Steuer-PS 3 CV nannten, das gleiche Geräusch machte wie der 2 CV. Erst viele Jahre später wurde mir klar, dass sie den gleichen Motor hatten.« Der kleine Romain hing an seinen Kindheitserinnerungen und dem geliebten Motorsound. Klar, dass er dagegen protestierte, als sein Vater den Ami 6 für einen Peugeot 205 verkaufen wollte. Er protestierte auch, als sein Großvater Gustave beschloss, seinen 2 CV 6 Club durch einen Citroën AX zu ersetzen. »Kein 2 CV mehr in der Familie! Ich war verzweifelt.« Die Jahre vergingen. Vater Michel brachte als Fahrlehrer seinen Söhnen das Fahren bei. Als er Romain fragte, welches Auto er sich wünschte, antwortete ihm dieser natürlich »einen 2 CV«! »Ende der 1990er-Jahre waren die 2 CV auf dem Markt rar. Schließlich fanden wir einen zitronatgelben 2 CV Special Baujahr 1976. Dieser 2 CV 4 hatte einen 425-Kubik-Motor. Es war ein abgespecktes Einstiegsmodell. Am 25. September 1998 machte Romain seinen Führerschein und übernahm gleich das Steuer seiner Ente, als er mit dem rosa Lappen in der Tasche nach Hause kam. »Ich bin damit über 170.000 km gefahren und besitze ihn immer noch. Er schläft unter einem Leintuch in der Garage.« Der aber, der auf der Bühne bald auf den Spitznamen OgustO antworten sollte, ruhte nicht. Um sein Schlagzeug zu transportieren, war die 2-CV-Limousine nicht sehr praktisch. Zu seinem 20. Geburtstag kaufte er sich daher einen myosotisblauen 2 CV AK250 Lieferwagen Baujahr 1978. »Er fährt immer noch, ich habe neulich meinen Sohn damit zur Schule gebracht. Um ihn aufzumotzen, habe ich ihn mit einem Motor des Ami 8 ausgestattet, der 35 PS leistet, dazu ein Getriebe des 2 CV 4 mit kürzerer Übersetzung.« Einige Zeit später war es ein Abenteuer seines Freundes Jérémie, das ihn dazu veranlasste, sich einen neuen 2 CV zuzulegen. »Mein Freund erzählte so interessant von seiner Reise, die er gerade mit seinem 2 CV nach Afrika gemacht hat, dass ich Riesenlust hatte, mit ihm dorthinzufahren. Ich kaufte eine Acadiane, die ich mit einer 2-CV-Front umgebaut habe, kurz gesagt, ich stellte eine Acadiente her. 2003 starteten wir zur Jungfernreise nach Marokko, Mauretanien, Mali und dann zurück nach Le Mans.« 2007 machte sich Romain erneut mit diesen Auto auf den

SPECIAL FLUID
689

689 KL24
CITROEN

“Im Sommer ist er beheizt, im Winter klimatisiert. Um ihn zu reparieren, genügt ein Draht.”

Weg, diesmal jedoch allein. In der Zwischenzeit kam ein wichtiges Fahrzeug in seinen Bestand. »2006 erzählte mir Flo, ein befreundeter Gitarrist, dass sein Vater, der in der Dordogne lebt, seinen 2 CV verkaufen will. Auf den Fotos sah ich, dass es sich um einen Typ A von 1954 handelt. Er war jahrzehntelang gefahren worden und wurde zuletzt als Hundehütte genutzt. Ich habe ihn für 150 Euro gekauft!« Was lächerlich war, denn die Type A, die die allerersten produzierten 2 CV waren, sind selten und begehrt und gleichzeitig übertrieben teuer geworden. »Als Kind habe ich alle Bücher über den 2 CV in der Bibliothek von Le Mans ausgeliehen und verschlungen. Darin erfuhr ich von der Geschichte des 2 CV und der Bedeutung dieser 2 CV mit den alten Hauben. Ich hatte damals beschlossen, dass ich eines Tages einen haben würde.« Am 1. September 2006 hat sich Romains Wunsch erfüllt. Aber mangels Mitteln und Zeit wurde die Type A zur Seite gefahren in der Hoffnung, ihn irgendwann wieder auf die Straße zu bringen. Während dieser Zeit verbrachte Romain viele Stunden im Zug, um in der Bretagne Musikwissenschaft zu studieren und seine berufliche Neuorientierung zu verfolgen. Er wurde Schlagzeuglehrer. »Ich saß öfter im Zug als im 2 CV. Ich vermisste meine Ente und die Welt, die dazu gehörte. Ich dachte, es wäre cool, meine beiden Leidenschaften verbinden zu können. In meinem Studium wurde ich Multiinstrumentalist, ich habe auch Gitarre und Bass gelernt. Ich hatte auch mit Singen begonnen. Und dann, eines Tages, ich war ermüdet, die Landschaft durch das TGV-Fenster vorbeiziehen zu sehen, und hätte lieber meinen Ellbogen aus dem Fenster meiner Ente gestreckt, begann ich im Zug einen Chanson zu schreiben. Er wurde der erste Chanson auf dem Debütalbum von Sortie d'Grange.« Dieses Lied heißt »La Balade« [Der Ausflug] und erzählt auf witzige Weise Romains Geschichte: »Vor nicht mal zwei Jahren wurde endlich ein Kindertraum wahr / Ich, der ich so viel von einem Rolls-Royce träume, kaufe mir ein Auto ohne Bremsen / Es ist eine hübsche Kutsche, eine verflixt seltsame Maschine / Auch wenn sie nicht sehr wild ist, scheint sie den Mädchen zu gefallen ...« Romain schrieb ein paar Lieder, die er zum Aperitif sang, um seine Freunde zum Lachen zu bringen. Sie ermutigen ihn, ein Album aufzunehmen. Er umgab sich mit Musikerkollegen, darunter dem berühmten Flo an der Gitarre und seinem Bruder Flavien am Bass. Am Schlagzeug schloss sich Alex, ein alter Freund und exzellenter Perkussionist, der Gruppe an, während Romain zum Gitarristen und Sänger wurde. »Ich habe meine Songs mit meinen Freunden in nur zwei Stunden aufgenommen. Das Album mit dem Titel *Corrosion Superficielle* wurde während des nationalen 2-CV-Treffens veröffentlicht, das 2013 in Lavaré in der Sarthe stattfand. Zur gleichen Zeit hatte Romain die Restaurierung seiner Type A abgeschlossen. Der Name der Gruppe, Sortie d'Grange, bezieht sich auf einen französischen Ausdruck für ein abgestelltes Auto. Romain erklärt das so: »Ich suchte nach einem Namen, der dem ähnelt, was ich fühlte. Angesichts meines 2 CV war die Idee zu sagen: Hol ihn aus der Scheune, entstaube ihn und mach dich auf den Weg, um in jedem Dorf zu spielen. Das passt auch zu meinen Liedern. Sie erzählen nichts Neues. Wenn ich singe: „Im Sommer ist er beheizt / im Winter klimatisiert / Und um ihn zu reparieren / genügt ein Draht“, lachen die Leute, weil sie sich wiedererkennen.« Eines Abends sagte Romain, der immer auf den Spitznamen Toto gehört hatte, »ohne wirklich zu wissen warum«, als er nach seinem Beinamen gefragt wurde: »Aus Spaß nahm ich den sizilianischen Akzent an und sagte, mein Name sei OgustO! OgustO Cambouis! Das blieb hängen und wurde mein Künstlername. Also nannte ich meinen A *Augustine*.« 2014 erschien das zweite Album, *Pièces et mains d'œuvre*, 2017 folgte Opus drei: *Oxyde de cuivre*, ein gut durchdachter Titel: »Der 2 CV ist für seine Neigung zum Rosten bekannt.« OgustO verstummte nicht. Er arbeitet, wie er verrät, an seinem vierten, »bretonisch klingenden« Album. »Es kommt pünktlich zum nächsten Nationalfeiertag heraus!« Der Termin ist notiert ...

détergent
pour tous lavage
CYCLES
L'HUILE QUI S
PAR SES
QUALITÉS
KERVO
POUR A
COB 241

24h
LE MANS
MBK
CITROËN
JACK DANIEL'S
WHISKEY
MARCHAL
MELLOWED
PARKING ONLY
AIRWALK
24h
LE MANS
PIECES
LITIGIEUSES

“

Die Hauptsache ist: fahren und Spaß haben. Macht nichts, wenn nicht alles perfekt ist.

”

1954 | AUGUSTINE

Type A • 375 cm^3 • 9 PS

»Meine Type A stammt aus dem Jahr 1954«, erklärt Romain. »Er hatte seine Erstzulassung in der Nièvre, dann kam er in den 1970er-Jahren nach Paris. Gérald, der Vater meines Kumpels Flo, kaufte ihn Anfang der 1980er-Jahre und fuhr ihn jahrzehntelang in der Dordogne.« Um den Wagen, der später seine *Augustine* werden sollte, zu holen, schickte Romain alias OgustO einen Transportfahrer aus der Nähe, der ihm einen Freundschaftspreis machte. »Als er ankam, stellte ich fest, dass das Heckblech nur zwei Medaillons hatte. Ich glaubte deshalb, er sei ein AZ und kein A, denn der besaß ein ganz besonderes Heck mit drei Medaillons. Doch nach dem Öffnen der Motorhaube habe ich das Typenschild saubergerieben und festgestellt, dass es sich tatsächlich um eine Type A handelte. Vermutlich war die Karosserie durch die einer AZ ersetzt worden. Ich rief einen Experten an, der mir nach einem Blick unter die Schürze versicherte, dass die Karosserie aus dem Juli 1954 stammte. Bei genauerem Hinsehen habe ich bemerkt, dass das Heckblech ausgetauscht worden war, vermutlich nach einem Unfall in Paris.« Dank Gaël, einem Freund, der Heckbleche mit drei Medaillons herstellt, versetzte Romain seine Type A in den ursprünglichen Zustand. Was die Technik betrifft, hielt die Type A weitere Überraschungen bereit: »Der Motor ist ein Hybrid«, scherzt OgustO. »Er war einem Werkstausch unterzogen worden. Tatsächlich handelt es sich wie beim Original um einen 375-cm^3-Motorblock, aber die Zylinder waren nach einem Motorschaden durch solche des 425-cm^3-Modells ersetzt worden. Ich nehme an, dass das in den 1960er-Jahren passiert ist. Die Laufbuchsen-Kolben-Einheit für diesen Hubraum war bei Citroën sicherlich nicht mehr erhältlich. Und auch der Vergaser wurde passend zum Setup getauscht. Da ich fand, dass dies Teil seiner Geschichte war, habe ich es mir nicht angetan, die Zylinder wieder zu verkleinern. Seit ich ihn besitze, habe ich den Motor noch nie geöffnet, und er fährt seit acht Jahren tadellos.« 1954 verschwand das Oval um die 2-CV-Initialen auf dem Kühlergrill. Aus diesem Grund hat Romains A dieses typische Logo nicht. »Als ich ihn erworben habe, war das Auto völlig verrostet. Er hatte keine Rückbank mehr, und der Rahmen eines Monet-Goyon-Motorrads lag in der Fahrgastzelle und durchbohrte den Boden. Ein Verdeck gab es auch nicht mehr.« Bei der Restaurierung versuchte Romain, den Originalzustand so gut wie möglich wiederherzustellen, aber manchmal musste er improvisieren. »Ich liebe das Authentische, aber oft sind die benötigten Teile sehr teuer. Die Hauptsache ist: fahren und Spaß haben. Macht nichts, wenn nicht alles perfekt ist.« Er kaufte einen gelben Karostoff, der normalerweise für Tischdecken verwendet wird, um die Sitze in Anmutung an den blau-goldenen Karostoff zu beziehen, der ab 1953 bei den 2 CV verwendet wurde. »Ich habe das Verdeck nicht wie im Original aus Baumwolle neu gemacht, sondern mit einem synthetischen Stoff, den ich auf einer Bio-Messe entdeckt habe. Normalerweise wird er zum Bau mongolischer Jurten verwendet. Stück für Stück schaffte es OgustO, seinen Typ A wieder zum Leben zu erwecken. »Am Steuer muss man sehr vorsichtig sein. Es gibt weder Bremslicht, noch Blinker, Rückspiegel oder Sicherheitsgurt. Mit Bleifuß, also Vollgas, schafft er 80 km/h. Zum Glück respektieren andere Autofahrer das, aber man muss vorsichtig sein und den Arm rausstrecken, wenn man abbiegen will.« Am Steuer seines *Augustine* ist OgustO glücklich: Aedan, sein 5-jähriger Sohn, hat ihn bereits gebeten, ihn und seine Freundin im Typ A später einmal zur Hochzeit zu fahren. Der Sohn sollte auch keine allzu großen Schwierigkeiten haben, eine Band zu finden ...

SPECIAL FLUID
for brakes and hydraulic circuits
CITROEN
689 KL24
CITROEN

Das berühmte Schaltschema für das Getriebe mit seinem S für den Overdrive ist zum Emblem der Band OgustO geworden.

Diese Gitarre hat OgustO selbst gebaut. Sie ist vom Armaturenbrett der Type A inspiriert. Perfekt für eine Band, die 2-CV-Lieder singt!

689K

2CV im **Museum**

Die unwahrscheinlichsten Enten, die es gibt, sind im einzigen Museum ausgestellt, das ausschließlich dem 2 CV gewidmet ist. Fliegend, schwebend oder ganz einfach rollend sind sie in dieser Umgebung zu finden und werden mitunter, wie hier, in dieser nachgebauten Werkstatt inszeniert.

Der Verein 2-CV-Museum wurde 1988 gegründet, das Museum konnte aber erst 2008 öffnen. Im selben Jahr wurde es zum allgemeinen Kulturgut erklärt. 2011 zog es nach Troisfontaines (57) um. Ein kleiner Teil seines freundlichen Teams posiert hier neben einem 2-CV-Vorderteil, das den Weg zum Museum anzeigt.

Dieses Sondermodell kam 1981 in nur 500 Exemplaren heraus. Es ist eine Hommage an den James-Bond-Film *In tödlicher Mission*. Die Beulen an diesem Exemplar sind eine Anspielung auf die vielen Stunts, die Stuntman Rémy Julienne im Film mit einer gelben Ente gefahren ist.

“

Sie sind alle da, von den ältesten bis zu den neuesten, einschließlich den extravagantesten und überraschendsten.

”

»Entwickelt in der Absicht extremer Nützlichkeit, wird der 2 CV heute fast ausschließlich aus emotionalen Gründen geschätzt. Niemand, der je einen 2 CV gefahren hat, kann ihn als Auto beurteilen, weil er sowohl weniger als auch mehr als ein Auto ist. Es ist nicht nur das bescheidene Fahrzeug, das Pierre Boulanger wollte, es ist eine Anti-Bluff- und Anti-Angeber-Maschine«, schrieb Jacques Wolgensinger, der fast dreißig Jahre lang Leiter der Kommunikation und Öffentlichkeitsarbeit bei Citroën war, in seinem Buch *La 2 CV: nous nous sommes tant aimés*. Er schreibt weiter: »Der 2 CV geht über die bloße Funktion eines Autos hinaus. Er wurde schnell zu einer Lebenseinstellung, einem Lebensstil.« Das kleine Team von Freiwilligen, das mit Leidenschaft und Hingabe das 2-CV-Museum in Troisfontaines an der Mosel betreut, kann dies nur bestätigen. Mehr als 70 Fahrzeuge sind dort ausgestellt, sie sind alle da, von den ältesten bis zu den neuesten, einschließlich den extravagantesten und überraschendsten. Ein Besuch im Museum ist wie kein anderer, ohne Angeberei oder Wichtigtuerei, aber auf jeden Fall begeisternd.

Michaël Levivier auf der Rennstrecke der 24 Stunden von Le Mans, mit Thomas Houdan, dem Vorsitzenden des Deudeuch Club de Caen, und *Rust'in*, dem 2-CV-Rennwagen.

Der Autor bedankt sich herzlich bei allen Enthusiasten, die ihm ihre Zeit geschenkt haben, die Liebe, die sie für ihren 2 CV haben, mit ihm zu teilen und ihre Leidenschaft zu bezeugen.

Der Autor dankt insbesondere Thomas Houdan, dem Vorsitzenden des Deudeuch Club de Caen, für seine unschätzbare Hilfe und seine unermüdliche Präsenz während der Entstehung dieses Buches.

Der Autor dankt auch Marc Bocquenet, dem Vorsitzenden der Vereinigung der 2-CV-Clubs in Frankreich, für seine Unterstützung; der Gemeinde Cerisy-Belle-Étoile, die uns den Zugang auf das Gelände des Mont de Cerisy ermöglicht hat; le Wip, einem Coworking-Space in Colombelles (14), für das Fotoshooting vor seinem Gebäude, dessen Graffits von den Künstlern Sane2 und Soone in Zusammenarbeit mit der Association Aéro stammen; dem Atelier de Jojo in Straßburg für die Kontaktaufnahme mit Patrick; Pilou und Robish' für ihre Hilfe und gute Laune beim Fotoshooting mit OgustO; Martin Houdan und Gaël Quémar für ihren Rat und Julien Houdan für seine Hilfe im Atelier des Chevrons.

Der Autor dankt dem Conservatoire Citroën und DS Héritage am Boulevard André Citroën in Aulnay-sous-Bois (93) und besonders dem Direktor Denis Huille sowie dem sympathischen Team des 2-CV-Museums in Troisfontaines (57) für ihren Empfang und ihr Engagement, das Andenken des 2 CV zu bewahren.

EIN WORT DES AUTORS

Dieses Buch hat zum Ziel, die Passion für den 2 CV durch Erlebnisberichte von Menschen, die in diese automobile Ikone verliebt sind, zu teilen. Daher entstand eine Auswahl von 2 CV und Personen, die ausschließlich auf Begegnungen und Empfehlungen beruht.

BILDRECHTE

Alle Fotos stammen von Michaël Levivier.

IMPRESSUM

Herausgeber: Jérôme Layrolles
Verantwortlich: Flavie Gaidon
Produktionsleitung: Patrice Perna
Künstlerischer Direktor: Charles Ameline
Grafische Konzeption: Magali Levivier (ML&Co.)

Verantwortlich für die deutsche Ausgabe: Lothar Reiserer
Übersetzung und Satz: Michael Döflinger
Schlusskorrektur: Ralf J. Klumb | The Wordworms
Umschlaggestaltung: GM
Herstellung: Anna Katavic

Printed in Spain by Estella Graficas, Spanien

★★★★★

Sind Sie mit diesem Titel zufrieden? Dann würden wir uns über Ihre Weiterempfehlung freuen. Erzählen Sie es im Freundeskreis, berichten Sie Ihrem Buchhändler, oder bewerten Sie bei Onlinekauf. Und wenn Sie Kritik, Korrekturen, Aktualisierungen haben, freuen wir uns über Ihre Nachricht an GeraMond Media Verlag, Postfach 40 02 09, D-80702 München oder per E-Mail an lektorat@verlagshaus.de.

Unser komplettes Programm finden Sie unter

www.geramond.de

Die Deutsche Nationalbibliothek verzeichnet diese Publikation in der Deutschen Nationalbibliografie; detaillierte bibliografische Daten sind im Internet über http://dnb.d-nb.de abrufbar.

Titel der Originalausgabe: 2CV. Un art de vivre
Text und Fotos: Michaël Levivier
Published by Editions E/P/A - Hachette Livre, 2021

ISBN 978-3-96453-360-9